河南省团体标准

河南省健康建筑设计标准

Henan Design standard of healthy building

T/HNKCSJ 010−2023

主编单位:中科瑞城设计有限公司
批准单位:河南省工程勘察设计行业协会
施行日期:2023 年 12 月 1 日

黄河水利出版社

· 郑 州 ·

图书在版编目（CIP）数据

河南省健康建筑设计标准/中科瑞城设计有限公司，
河南省工程勘察设计行业协会主编. —郑州:黄河水利
出版社,2023.10
ISBN 978-7-5509-3790-1

Ⅰ.①河… Ⅱ.①中…②河… Ⅲ.①保健建筑–建
筑设计–设计标准–河南 Ⅳ.①TU246-65

中国国家版本馆 CIP 数据核字（2023）第 207729 号

策划编辑:岳晓娟　　电话:0371-66020903　　QQ:2250150882

责任编辑	李晓红	责任校对	岳晓娟
封面设计	张心怡	责任监制	常红昕

出版发行　黄河水利出版社
　　　　　地址:河南省郑州市顺河路 49 号　邮政编码:450003
　　　　　网址:www.yrcp.com　E-mail:hhslcbs@ 126. com
　　　　　发行部电话:0371-66020550
承印单位　河南博之雅印务有限公司
开　　本　850 mm×1168 mm　1/32
印　　张　5.25
字　　数　132 千字
版次印次　2023 年 10 月第 1 版　　2023 年 10 月第 1 次印刷

定　　价　69.00 元

河南省工程勘察设计行业协会文件

豫建设协〔2023〕31 号

河南省工程勘察设计行业协会 关于发布团体标准《河南省健康建筑 设计标准》的公告

　　由中科瑞城设计有限公司主编的团体标准《河南省健康建筑设计标准》已通过评审,现批准为河南省工程勘察设计行业协会团体标准,编号为 T/HNKCSJ 010-2023,自 2023 年 12 月 1 日起实施,特此公告。

　　本标准已在河南省工程勘察设计信息网(www.hngks.com)和全国团体标准信息平台公开,由河南省工程勘察设计行业协会负责管理,中科瑞城设计有限公司负责具体内容的解释。

　　附件:《河南省健康建筑设计标准》T/HNKCSJ 010-2023

河南省工程勘察设计行业协会
2023 年 10 月 24 日

前　言

中共中央、国务院于 2016 年 10 月印发了《"健康中国 2030"规划纲要》(简称《纲要》),明确提出推进健康中国建设。为贯彻落实《纲要》,中共河南省委、河南省人民政府于 2017 年 1 月 18 日印发了《"健康中原 2030"规划纲要》,明确提出推进健康中原建设。党的二十大报告指出"推进健康中国建设。人民健康是民族昌盛和国家强盛的重要标志。把保障人民健康放在优先发展的战略位置,完善人民健康促进政策"。健康建筑是建设领域落实"健康中国"战略的重要抓手,是建设领域贯彻落实党的二十大精神的重要手段。发展健康建筑,对捍卫人民健康、提升人民群众幸福感和获得感具有重要意义。

2022 年河南省工程勘察设计行业协会发布《河南省健康建筑评价标准》T/HNKCSJ 002—2022(简称《评价标准》),对推动健康建筑在河南省的发展起到了积极作用。《评价标准》着眼于建筑全寿命期的综合指导,以目标为导向,不限定具体的技术路径,无法聚焦设计专项对多种技术路径的各项设计参数、计算方法、系统形式、材料种类等设计细节的全面指导。《评价标准》为综合性标准,各项指标参数高度跨专业融合。在我国当前设计行业以专业组作为重要分工依据的国情下,设计团队难以快速、精准地从《评价标准》中获取与自己专业相关的设计要点。因此,有必要编制健康建筑设计标准,针对不同专业提出具体的设计要求和方法,实现建筑项目从设计之初即融入健康建筑的理念和性能要求,从而全面指导健康建筑项目设计。

标准编制组经广泛调查研究,认真总结实践经验,参考有关国内外标准,在征求意见的基础上编制了本标准。标准的主要技术内容是:1 总则;2 术语;3 基本规定;4 设计策划与成果;5 规划设计;6 建筑设计;7 给水排水设计;8 暖通空调设计;9 电气设计;10 室内设计;11 景观设计。

标准由河南省工程勘察设计行业协会负责管理,中科瑞城设计有限公司负责具体内容的解释。执行过程中如有意见或建议,请反馈至中科瑞城设计有限公司(地址:郑州市金水区纬四路 19号广发大厦;邮编:450003;邮箱:zhongkesheji@ 126. com)。

主 编 单 位	中科瑞城设计有限公司				
	河南省工程勘察设计行业协会				
参 编 单 位	郑州市建筑设计研究院有限公司				
	河南楷度建筑设计有限公司				
	河南省恩瑞新能源有限公司				
	中科成建工程咨询有限公司				
	河南智博信息技术有限公司				
主要起草人员	梁 斌	倪梁峰	孙 胜	马 璐	刘 园
	杨 靖	张 慧	杨 杰	马冬辉	孙鹏飞
	王善聪	张晓宁	张志琴	赵海昆	张博通
	马 萍	王飞飞	房 硕	闫瑞丽	裴丁丁
	孙 明	翟几中	王 晨	韩铮草	刘胜帅
	张守礼	赵利杰	张 宁	陈书勤	李宜璇
	徐柯兵	林珊珊	钱立成	蔚治辉	朱姝静
	马元德	穆如文	杨亚芳	贾建涛	闫 胜
	汤 欢	刘军辉	李志波	赵玉玺	王 静
	常旭阳	郑紫峰	张 珦	赵子安	高 晶
	王薇莉	宋海华	张家旺	胡林峰	孙稷铭

主要审查人员　马广甫　赵盈睿　刘　殷　林作创　雷跃斐
　　　　　　　李　建　龙文新　黄建设　潘玉勤　薛　原
　　　　　　　刘中勇　万　宁　焦宏照

目　次

1 总 则

1.0.1 为提高人民健康水平，贯彻"健康中原"战略部署，把保障人民健康放在优先发展的战略位置。提升建筑健康性能，规范河南省健康建筑设计，制定本标准。

1.0.2 本标准适用于河南省新建、改建、扩建各类民用建筑健康性能的设计。

1.0.3 健康建筑设计应遵循以人为本的原则，结合所在地的气候、环境、资源、经济和文化等特点，采用促进使用者身心健康的适宜技术、材料、产品、设备和设施，统筹考虑建筑全寿命周期的综合效益进行系统设计。

1.0.4 健康建筑设计除应符合本标准外，尚应符合国家现行相关标准的规定。

2 术 语

2.0.1 健康建筑 healthy building

在满足建筑功能的基础上,提供更加健康的环境、设施和服务,促进使用者的生理健康、心理健康和社会健康,实现健康性能提升的建筑。

2.0.2 生理等效照度 equivalent melanopic illuminance

根据辐照度对人的非视觉系统的作用而导出的光度量。

2.0.3 全龄友好 age-friendly

针对老年、青壮年、少年、儿童等各个年龄段的特点,提供相应的人性化设计与服务设施,满足不同年龄层次人群使用、出行、健身、交流等方面的需求。

2.0.4 人体工程学 ergonomics

使工具或设施尽量适合人体的构造、尺度和自然形态,从而尽量减少因长期使用造成疲劳或损伤的科学。

2.0.5 主动健康 proactive health

人类围绕生命健康价值创造展开的所有社会活动的总称,包括从社会活动源头控制健康危险因素,在社会活动各过程中干预健康安全风险、创造健康价值,在各个社会活动环节应对人员安全危机等。

2.0.6 健康建筑产品 healthy building product

以促进使用者的全面健康、提升建筑的健康性能为目标,符合健康建筑参数要求的装饰装修材料、家具家电用品、设备设施等相关建筑产品。

2.0.7 全装修 decorated

住宅建筑内部墙面、顶面、地面全部铺贴或粉刷完成。门窗、固定家具、设备管线、开关插座、厨房和卫生间的固定设施安装到位。公共建筑公共区域的固定面全部铺贴、粉刷完成。水、暖、电、通风等基本设备全部安装到位。

2.0.8 新风系统 fresh air system

为满足卫生要求、补充排风或维持空调房间正压而向房间供应经处理的室外空气的系统。

2.0.9 可吸入颗粒物(PM_{10}) particulate matter(PM_{10})

悬浮在空气中,空气动力学当量直径小于或等于 10.0 μm 的颗粒物。

2.0.10 细颗粒物($PM_{2.5}$) fine particulate matter($PM_{2.5}$)

悬浮在空气中,空气动力学当量直径小于或等于 2.5 μm 的颗粒物。

2.0.11 挥发性有机物(VOCs) volatile organic compounds(VOCs)

在 20 ℃ 条件下,蒸气压大于或等于 0.01 kPa,或者特定适用条件下具有相应挥发性的全部有机化合物。

2.0.12 总挥发性有机物(TVOC) total volatile organic compounds (TVOC)

用气相色谱非极性柱进行分析,保留时间在正己烷和正十六烷之间的挥发性有机物的总称。

3 基本规定

3.0.1 健康建筑设计文件应为含全装修设计的建筑群、单栋建筑或建筑内区域工程的全专业设计文件。

3.0.2 健康建筑设计文件是健康建筑评价的基础,评价分为设计评价和运行评价。设计评价应在施工图审查完成之后进行,运行评价应在建筑通过竣工验收并投入使用一年后进行。

3.0.3 健康建筑设计文件应对所涉及建筑进行综合性技术分析,合理确定设计方案及技术措施。设计文件应有健康建筑设计专篇,同时应注明对健康建筑施工与运营管理的技术要求。

4 设计策划与成果

4.1 设计策划

4.1.1 健康建筑应结合国家及地方相关法令、法规、标准及建设方需求、项目委托书等要求编制设计策划书。

4.1.2 健康建筑设计策划应包括下列内容：

1 前期调研。

2 项目的健康建筑定位与目标分析。

3 健康建筑设计方案与实施策略。

4 技术经济可行性分析。

4.1.3 前期调研应包括以下内容：

1 场地调研宜包括场地的地理位置、地形地貌、气候环境、空气环境、水环境、声环境、光环境、热湿环境、道路交通、卫生医疗、生活服务设施及市政基础设施规划条件等。

2 需求和市场分析宜包括项目的功能需求、市场需求、技术条件等。

3 社会调研宜包括区域资源、人文环境、生活质量、经济水平与发展空间、公众意见与建议、当地健康建筑激励政策等。

4.1.4 项目定位与目标分析宜包括以下内容：

1 分析项目的自身特点和要求。

2 确定达到健康建筑评价标准的相应等级或要求。

3 确定适宜的分项指标,包括空气、水、舒适、健身、人文等性能目标,确定相应的技术路线及指标要求。

4.1.5 设计方案与实施策略应充分响应项目的健康建筑定位与目标,宜包括以下内容：

1 制定健康建筑技术方案。

2 制定健康建筑实施策略。

3 合理选用适宜技术和集成技术。

4.1.6 技术经济可行性分析宜包括下列内容：

1 技术可行性分析。

2 经济效益、环境效益和社会效益分析。

3 风险分析及相应对策。

4.2 设计组织与成果

4.2.1 健康建筑设计应涵盖方案设计、初步设计、施工图设计、施工配合各个阶段。

4.2.2 各专业应配置健康建筑专业人员（包括规划、建筑、给排水、暖通、电气与室内、景观等专业），在各个阶段各专业应围绕统一的健康建筑定位与目标协同工作。

4.2.3 健康建筑设计应依据经确认的健康建筑技术方案，通过模拟、计算等手段辅助设计优化。

4.2.4 应在建筑设计的全过程中落实与健康建筑相关的设计任务，方案设计、初步设计和施工图设计阶段的设计文件均应有健康建筑设计专篇，施工图设计文件中还应注明对健康建筑施工与建筑运营管理的技术要求。

5 规划设计

5.1 规划布局

5.1.1 规划应符合所在地城乡规划及相关专项规划要求,顺应当地气候特征,尊重地域文化和生活方式,采取适宜的建筑布局形式。

5.1.2 规划布局应符合现行相关标准中关于日照标准的要求,且不得降低周边建筑的日照标准。

5.1.3 应结合当地气候条件及用户习惯设置室外健身场,兼顾有氧与无氧运动,并符合下列规定:

1 室外健身场地的面积应不小于总用地面积的 0.3% 且应不小于 60 m²,且相关无障碍设施应满足现行国家规范《无障碍设计规范》GB 50763 和《建筑与市政工程无障碍通用规范》GB 55019 的要求。

2 健身器材数量不应小于建筑总人数的 0.5%;不宜小于建筑总人数的 1%,且种类不小于 4 种;有条件时,健身器材数量不宜小于建筑总人数的 2%,且种类不小于 8 种。

3 合理设置室外球类运动场地,1000 m 半径范围内有篮球、网球、门球、乒乓球、羽毛球等室外中型球类场地。

5.1.4 宜设置儿童游乐场地和老年人活动场地,并符合下列规定:

1 应符合现行国家标准《城市居住区规划设计标准》GB 50180 相关日照规定且通风良好。

2 儿童活动场地面积不小于 120 m²,或人均不小于 0.8 m²;老年人活动场地和儿童游乐场地及空间宜整合设置。

5.1.5 应设置室外交流场地并配备相关设施,并符合下列要求:

1 面积不小于总用地面积的 0.2%且不小于 50 m²。

2 宜结合广场、庭院、架空层、屋顶花园等空间设置,并具备举办各类中、小型活动的能力。

3 场地内应设置休息座椅,不小于每千人 5 座且不小于 10 座。

5.2 交通设计

5.2.1 场地出入口应与周边现有交通网络对接,场地人行出入口 500 m 范围内宜设有公共交通站点,且途经公交线路宜≥2 条;当条件不具备时,宜配备联系公共交通站点的专用接驳车或自行车。

5.2.2 场地交通设计应符合下列规定:

1 场地内道路系统应便捷通畅,满足消防、救护等车辆通达、临停、错车等要求。

2 场地内人行通道应避免视觉死角,并满足无障碍设计要求;条件具备时,宜采取人车分流措施。

5.2.3 场地内应布置连续、独立的步行系统,与城市步行或慢行系统顺畅连接,并符合下列规定:

1 步行系统应连续、安全、符合无障碍要求,并便捷连接场地出入口和公共交通站点。

2 一般情况下应设置专用健身步道并设有健身引导标识,步道宽度≥1.25 m,长度不应小于用地红线周长的 1/4 且不应小于 100 m。

3 有条件的情况下健身步道的步道宽度≥1.25 m,连续长度不应小于用地红线周长的 1/3 且不小于 200 m,不宜小于用地红线周长的 1/2 且不小于 300 m。

5.2.4 引导与健身相结合的绿色出行方式应符合以下规定:

1 自行车停车位数量应满足当地规划部门的要求且不小于设计总人数的 10%,并备有电动自行车充电设施等便利设施。

2 设有连续、独立的自行车道。

3 设有连续、独立的步行系统。

5.3　场地环境

5.3.1 场地光环境设计不应对建筑及场地使用者产生光污染,应符合下列规定:

1 玻璃幕墙的可见光反射比及反射光对周边环境的影响符合现行国家标准《玻璃幕墙光热性能》GB/T 18091。

2 宜采用模拟计算的方法辅助优化设计场地光环境。

5.3.2 场地声环境设计应符合下列规定:

1 对场地进行建筑总平面设计时,宜将噪声敏感建筑物布置在远离噪声源的位置。

2 对场地周边交通干线两侧宜采取设置声屏障、绿化降噪等措施。

3 建筑所处场地的环境噪声平均值应优于现行国家标准《声环境质量标准》GB 3096 的限值。环境噪声值大于 1 类声环境功能区标准限值,但不大于 3 类声环境功能区标准限值,或环境噪声值不大于 1 类声环境功能区标准限值。

5.3.3 场地风环境设计应符合下列规定:

1 建筑布局应营造良好的风环境,保证舒适的室外活动空间,为室内创造良好的自然通风条件。

2 建筑布局宜避开冬季不利风向,减少气流对区域微环境和建筑本身的不利影响。

3 宜采用数值模拟的方法辅助优化设计场地风环境。

5.3.4 场地热环境设计应符合下列规定:

1 建筑布局应营造良好的热环境,保证室外活动空间的热安全和舒适性。

2 各类硬化地面宜有雨水渗透能力,各类地面的渗透面积比率:广场不宜低于 40%,游憩场和人行道不宜低于 50%,停车场不宜低于 60%。

3 休憩场所夏季宜充分利用室外环境水景、人工雾化蒸发降温、设置遮阴设施或树木遮阴。

4 宜采用数值模拟的方法辅助优化设计场地热环境,使其夏季典型日平均热岛强度不宜超过 1.5 ℃,室外湿球黑球温度(WBGT)不宜超过 33 ℃。

5.3.5 应充分利用场地环境设置绿化空间,宜设置社区农园,面积宜大于或等于总用地面积的 0.5%且不小于 200 m²。

5.3.6 结合当地主导风向、周边环境、温度湿度等微气候条件,采取有效措施降低不利因素对场地环境的干扰,并符合以下规定:

1 合理设置垃圾站,并进行流线规划,处置场所与社区内人行区域分流。

2 合理布局餐饮、公厕等容易产生异味的设施,避免气味、油烟等对建筑和场地产生影响。

5.4 全龄友好

5.4.1 儿童活动场地宜适合全龄段儿童活动,并符合下列要求:

1 儿童游乐场地不小于 120 m²,或人均不小于 0.8 m²。

2 设置全龄段儿童活动场地,并根据儿童游戏行为配置游戏设施,且所有游戏设施下采用保护性地面并设有安全性标识。

3 设置儿童看护区宜与室外活动场地相毗邻,座椅配置数量不少于儿童数量的 30%,看护区和场地区均有遮阴设施或树木遮阴。

4 场地出入口步行 200 m 范围内设有洗手点或公共卫生间。

5.4.2 老年人活动场地应动静分区明确,并符合下列要求:

1 每公顷总用地面积设有不小于 4 人的座椅,无障碍设施完善。

2 每公顷总用地面积设有不小于 3 台适合老年人的健身设施。

3 场地内无障碍系统应与主要通道无障碍衔接。

5.4.3 场地与建筑的无障碍设计应满足现行国家标准《无障碍设计规范》GB 50763、《建筑与市政工程无障碍通用规范》GB 55019 的要求,且满足以下规定:

1 场地、建筑的无障碍系统应完整连贯。

2 无障碍通行流线上应有完整连续的无障碍盲道。存在地面高差的,还应设置轮椅坡道或缘石坡道。

3 无障碍通行流线应满足行动障碍者的独立通行,任何固定或可移动设施均不应占用无障碍通行流线。

4 公共建筑内及居住建筑配套交流场地 100 m 范围内,应设置含无障碍厕位的公共卫生间;宜设置无障碍卫生间、第三卫生间或家庭卫生间。

5.4.4 场地应保障便利的医疗服务和紧急救援条件,并符合下列规则:

1 场地出入口到达医疗服务点的步行距离不大于 500 m。

2 设有医疗急救绿色通道。

3 设有紧急求助呼救系统。

5.4.5 应设置配套服务设施,并符合下列规定:

1 自行车停车位数量应满足当地规划部门的要求,不宜小于建筑总人数的 10%,宜备有电动自行车充电设施等便利设施。

2 交流场地应设有相对充足的座椅,不小于每千人 5 座且不小于 10 座。

3 交流场地的乔木或构筑物的遮阴面积比例达到 20%。

4 交流场地 100 m 范围内设有直饮水设施。

5 交流场地宜就近设置对外开放的公共卫生间,距离场地不宜超过 100 m。

6 建筑设计

6.1 建筑布局

6.1.1 建筑风格应与周围环境相协调;建筑布局应清晰紧凑,室内动线应简洁流畅,并利于自然通风、自然采光及安全疏散;主要功能房间应具有良好的户外视野且无明显视线干扰。

6.1.2 建筑出入口设置应明显易识别,宜分开设置;在满足安全疏散的前提下,主要出入口宜采用自动感应门及双层门斗。

6.1.3 公共建筑的主要出入口门厅大堂应宽敞明亮,并提供问询、等候、交流等空间及设施;应利用中庭、大堂、门厅、过厅等形成交流场所,设置相应的家具设施;居住建筑单元出入口应保障通行顺畅,门厅应预留收发快递、信报箱、告示栏等墙面及设施,可利用单元入口设置公共交往空间及服务设施。

6.1.4 建筑室内楼梯间位置明显易识别,并应满足防火疏散要求,且宜设置可开启的外窗,实现天然采光和自然通风,提升楼梯间使用的舒适度。

6.1.5 建筑的公共空间与私有空间应分区明确,做到洁污分离、动静分区,且私有空间具有相对独立性。

6.1.6 利用建筑内部公共空间设计供内部人员使用的室内步行系统,使在不利于户外锻炼的天气时便于工作人员室内健身活动。

6.1.7 食品销售场所、大型公共建筑中的食品售卖区、餐饮厨房区应严格执行相关规范要求,并应满足下列要求:

    1 食品销售区与非食品销售区应分开设置。

    2 餐饮厨房区内食品加工及运输流线应清晰简短顺畅,避免迂回交叉。

    3 餐饮厨房区内各功能区应分区明确,不同操作区之间应设置分隔措施。

6.2 功能空间及设施要求

6.2.1 设置室内公共健身空间,并宜满足下列设计要求:

1 具有良好的通风采光条件。

2 室内健身空间面积不宜小于总建筑面积的 1% 且不小于 200 m²;不应小于总建筑面积的 0.5% 且不小于 100 m²。

3 设置健身操房等运动类空间。

6.2.2 在公共健身空间内设有可供健身人员使用的公共卫生间、淋浴间及更衣室,淋浴头数量不少于建筑总人数的 0.5%。

6.2.3 设置室内私有健身空间,并宜满足下列设计要求:

1 对于公共建筑,宜按照每层或每个工作单元的员工人数 R 设置健身空间,面积不宜小于 $(18+0.1 \times R)$ m²。

2 对于居住建筑,户型面积不低于 144 m² 时,宜设置 4~6 m² 健身专用房间;低于 144 m² 时,宜结合客餐厅或阳台空间设置 2 m² 健身区域。

6.2.4 设置室内或半室外交流空间,面积不应小于总建筑面积的 0.2% 且不应小于 20 m²,并为使用者提供必要的家具设施及网络服务等。

6.2.5 合理设置文娱活动场所:

1 设有不小于 50 m² 的公共图书室兼共享办公空间。

2 设有不小于 50 m² 的休闲活动室。

3 设有不小于 50 m² 的公共舞蹈室。

6.2.6 设置自主情绪调节与心理减压空间,包含咖啡吧、沙盘游戏室、宣泄室、放松室、冥想室、心理咨询室等。

6.2.7 设置方便使用者的人性化空间或设施:

1 设置对所有建筑使用者开放的公共服务餐厅。

2 公共建筑中,设置方便使用者饮水和休息的茶水间,为建筑内的保洁人员设置休息室;设置母婴室,且公共卫生间设置有婴儿护理台。

    3 居住建筑中,设置老年人日间照料场所及儿童临时托管场所,并制定安全运行管理制度。

6.2.8 卫浴间平面应布局合理,居住建筑及公共建筑设置满足幼儿、老年人、残障人士的特殊使用需求的卫生设施,并宜满足表6.2.8的要求。

表6.2.8 卫生间主要功能区域要求

类别			要求
卫浴间平面尺寸	公共建筑	幼儿卫生间	厕位平面尺寸≥700 mm×800 mm
			儿童坐便器的高度在250~300 mm
			儿童小便器的高度在250~300 mm
			儿童盥洗池高度在500~550 mm
			儿童盥洗池进深在400~450 mm
		普通成人卫浴间	外开门的厕所隔间平面尺寸≥900 mm×1300 mm
			内开门的厕所隔间平面尺寸≥900 mm×1500 mm
			厕位隔板高度不低于1800 mm
			淋浴隔间平面尺寸≥1000 mm×1300 mm
	居住建筑		便器、洗浴器、洗面器三件卫生设备集中配置的卫生间使用面积≥3.5 m²
卫浴设备	—		淋浴喷头高度可自由调节
			坐便器旁和淋浴隔间设置扶手
活动空间	—		洗脸台前留有宽≥700 mm、深≥600 mm 的活动空间
			坐便器前留有宽≥700 mm、深≥600 mm 的活动空间

6.2.9 居住建筑厨房面积不宜小于 5 m², 公共建筑宜设置茶水间, 要求见表 6.2.9。

表 6.2.9 厨房、茶水间设计要求

类别	要求
居住建筑	厨房面积≥5 m²
	厨房操作台采用非单排线形格局, 操作台可操作面直线展开长度≥2400 mm, 柜前操作空间深度≥1000 mm
	厨房操作台高度≤850 mm, 吊柜下缘距地高度≤1650 mm
公共建筑	茶水间操作台长度≥1500 mm
	茶水间操作台前活动空间深度≥1000 mm
	茶水间操作台高度≤850 mm, 吊柜下缘距地高度≤1650 mm

6.2.10 设置可自动关闭的门, 避免建筑内气味、颗粒物、臭氧、热湿等特殊散发源空间的污染物串通至室内其他空间或室外活动场所。

6.2.11 建筑外门窗、幕墙具有阻隔室外空气污染物进入室内的作用, 且宜采取合理措施降低室外颗粒物污染进入室内:

1 宜采用可自动关闭的建筑外门。

2 每年有 310 d 以上空气质量指数小于 100 的地区, 建筑外门窗气密性宜达到现行国家标准《建筑幕墙、门窗通用技术条件》GB/T 31433 规定的 4 级及以上, 其他地区的建筑外门窗气密性宜达到 6 级及以上。

3 幕墙的气密性宜达到现行国家标准《建筑幕墙、门窗通用技术条件》GB/T 31433 规定的 3 级及以上。

6.3 建筑热工

6.3.1 建筑屋顶和东西外墙内表面最高温度应符合表 6.3.1 的要求。

表 6.3.1 屋顶和东西外墙内表面最高温度限值

房间类型		自然通风房间	空调房间	
			重质围护结构 ($D \geqslant 2.5$)	轻质围护结构 ($D < 2.5$)
内表面最高温度 $\theta_{i \cdot max}$	外墙	$\leqslant t_{e \cdot max}$	$\leqslant t_i + 2$	$\leqslant t_i + 3$
	屋顶	$\leqslant t_{e \cdot max}$	$\leqslant t_i + 2.5$	$\leqslant t_i + 3.5$

注:$\theta_{i \cdot max}$ 为内表面最高温度,℃;$t_{e \cdot max}$ 为累年最高日平均温度,℃;t_i 为室内空气温度,℃;D 为热惰性指标。

6.3.2 利用自然通风的建筑在设计时,应符合下列规定:

1 建筑主要出入口和室外商业街宜避开冬季主导风向;利用穿堂风进行自然通风的建筑,其迎风面与夏季最多风向宜成 60°~90°角,且不应小于 45°,同时应考虑可利用的春秋季风向以充分利用自然通风。

2 建筑群平面布置应重视有利自然通风因素,如优先考虑错列式、斜列式等布置形式。

6.3.3 合理采用自然通风、遮阳等被动调节措施改善室内热温环境,在自由运行状态下室内非人工冷热源热湿环境满足人体适应性热舒适的要求。人体预计适应性平均热感觉指标应处于 $-1 \leqslant$ APMV < -0.5 或 $0.5 <$ APMV $\leqslant 1$ 范围,宜处于 $-0.5 \leqslant$ APMV $\leqslant 0.5$ 范围。

6.3.4 采用自然通风的生活、工作的房间,其通风开口有效面积不应小于该房间地板面积的 1/20;厨房的通风开口有效面积不应小于该房间地板面积的 1/10,且不应小于 0.6 m²。

6.3.5 建筑设计宜综合利用风压通风、热压通风及机械辅助通风等形式改善室内通风，并宜采取下列措施：

1 建筑中采用诱导气流方式，如挑檐、导风墙、拔风井等，促进建筑内部自然通风。

2 当常规自然通风系统不能提供足够风量时，可采用捕风装置等加强自然通风。

3 平面空间较大的建筑设置中庭、天井等，在适宜季节综合利用烟囱效应形成热压通风。

6.3.6 采取措施降低建筑内表面产生霉菌斑的风险：

1 宜对建筑围护结构设计进行霉菌滋生风险评估：

（1）依据围护结构设计图纸确定围护结构保温形式、材料种类、材料厚度及相关材料湿物性参数。

（2）确定建筑所在区域室外边界条件，采用建筑所在地区典型气象年气象数据，包括全年室外逐时温湿度、风速、风向、降雨、太阳辐射。

（3）确定室内边界条件。

（4）根据围护结构内部湿度动态分布模拟结果对结构的结露风险进行评价，主体材料与相邻材料的界面处湿度高于90%，存在高结露风险；主体材料与相邻材料的界面处湿度高于80%且低于90%，存在中等结露风险；主体材料与相邻材料的界面处湿度低于80%，无结露风险。设计阶段应保证围护结构无结露风险。

2 风险评估较高的墙面选用具有吸湿、解湿等调节空气湿度功能的围护结构材料。

3 宜控制室内湿度不高于60%。

6.4 隔声降噪

6.4.1 建筑外围护结构的空气声隔声性能设计，应符合下列规定：

1 场地声环境模拟预测时,应输出建筑外围护结构表面的环境噪声预测值作为建筑外围护结构空气声隔声性能验算的输入条件。

2 根据建筑外围护结构表面的环境噪声预测值及房间的室外声源传入噪声限值,初步选定外围护结构各构件的隔声设计指标。

3 对选择的外围护结构各构件的隔声指标按式(6.4.1)计算组合隔声量,计算结果应比《河南省健康建筑评价标准》T/HNKCSJ 002—2022 规定的室外与噪声敏感房间空气声隔声性能指标高 5 dB 及以上。

$$R_{c} = 10\log \frac{\sum S_i}{\sum S_i \cdot 10^{-R_i/10}} \tag{6.4.1}$$

式中 R_{c}——外围护结构的组合隔声量,dB;

R_i——外围护结构第 i 个构件的隔声量,dB;

S_i——外围护结构第 i 个构件的面积,m^2。

6.4.2 建筑物外部声源传播至主要功能房间的室内噪声级验算,应符合下列规定:

1 将建筑外围护结构各构件的空气声隔声性能代入式(6.4.2-1)验算室外声源传入噪声级。隔声性能验算时,应对中心频率 125～2000 Hz 范围内 5 个倍频带均按式(6.4.2-1)验算,得到 5 个倍频带室外声源传入室内声压级。

$$L_{eq,1/1,i} = L_{out,i} + 10\log\left(\frac{A_0}{S}10^{\frac{-D_{n,e,i}}{10}} + \frac{S_{win}}{S}10^{\frac{-R_{win,i}}{10}} + \frac{S_{wall}}{S}10^{\frac{-R_{wall,i}}{10}}\right) +$$

$$10\log\left(\frac{S}{A_i}\right) + 3 \tag{6.4.2-1}$$

式中 $L_{eq,1/1,i}$——倍频带室内声压级,dB;

$L_{out,i}$——倍频带室外噪声设计值,dB;

A_0——参考吸声量,m^2(对于住宅,$A_0 = 10\ m^2$);

A_i——房间室内实际吸声量,m^2;

S——计算外墙总面积,m^2;

S_{win}——计算外墙上外窗面积,m^2;

S_{wall}——计算外墙上墙体面积,m^2;

$D_{n,e,i}$——计算外墙上小建筑构件的倍频带规范化声压级
差,dB;

$R_{win,i}$——计算外墙上外窗的倍频带隔声量,dB;

$R_{wall,i}$——计算外墙上墙体的倍频带隔声量,dB。

2 当计算房间存在 2 面以上外墙,应将所有外墙分别进行隔声性能验算,并将验算结果能量叠加得到总的室内声压级。

3 凸窗、与房间直接连通的封闭式阳台,应按照外窗、外墙的实际展开面积进行计算。

4 对计算得到的 5 个倍频带室内声压级,经 A 计权后,按式(6.4.2-2)进行计算,得到房间室外声源传入噪声的计算等效声级 L_{Aeq},将计算等效声级 L_{Aeq} 与设计指标进行对比判定是否合格:

$$L_{Aeq} = 10\log\left(\sum_{i=1}^{5} 10^{\frac{L_{eq,1/1,i}+\Delta_i}{10}}\right) \qquad (6.4.2\text{-}2)$$

式中 L_{Aeq}——卧室或起居室内计算等效声级,dB;

$L_{eq,1/1,i}$——各倍频带室内声压级,dB;

Δ_i——各倍频带 A 计权修正值,dB,各频率值见表 6.4.2。

表 6.4.2 各倍频带 A 计权修正值 Δ_i

倍频带中心频率/Hz	A 计权修正值/dB
125	−16.1
250	−8.6
500	−3.2
1000	0.0
2000	1.2

5 若结果判定不合格,应通过提高外墙构件的隔声性能,改变构件面积比等设计方法,提高外围护结构整体隔声性能,并重新进行验算,直至合格。

6.4.3 住宅卧室不应与产生噪声房间毗邻,住宅分户墙和分户楼板的空气声隔声性能设计,应符合下列规定:

1 住宅卧室与水平邻户房间之间的空气声隔声性能指标为计权标准化声压级差与粉红噪声频谱修正量之和($D_{nT,w}+C$)且不应小于 50 dB;住宅卧室与邻户房间之间的空气声隔声性能指标为计权标准化声压级差与粉红噪声频谱修正量之和($D_{nT,w}+C$)且不应小于 55 dB。

2 住宅卧室与上下邻户房间之间的空气声隔声性能指标为计权标准化声压级差与粉红噪声频谱修正量之和($D_{nT,w}+C$)且不应小于 50 dB;住宅卧室与邻户房间之间的空气声隔声性能指标为计权标准化声压级差与粉红噪声频谱修正量之和($D_{nT,w}+C$)且不应小于 55 dB。

3 住宅分户墙应避免暗装配电箱、弱电箱等对隔声减弱严重的做法。分户墙两侧暗装电气开关、插座等设施应错位设置,并应对所开的洞(槽)采取隔声封堵措施。

6.4.4 除住宅外,其他建筑的隔墙空气声隔声性能设计,应符合下列规定:

1 噪声敏感房间与产生噪声房间之间的隔墙应选择重质匀质隔墙。

2 噪声敏感房间与普通房间之间的空气声隔声性能指标为计权标准化声压级差与粉红噪声频谱修正量之和($D_{nT,w}+C$)且不应小于 45 dB 时,房间之间隔墙当选择单层匀质墙体时,可选择实验室测试结果为(R_w+C)不小于 45 dB 的墙体;当为多层轻质墙体构造时,宜选择实验室测试结果为(R_w+C)不小于 48 dB 的墙体。

3 噪声敏感房间与产生噪声房间之间的空气声隔声性能指标为计权标准化声压级差与粉红噪声频谱修正量之和$(D_{nT,w}+C)$且不应小于 50 dB 时,房间之间隔墙当选择单层匀质墙体时,可选择实验室测试结果为(R_w+C)不小于 50 dB 的墙体;当为多层轻质墙体构造时,宜选择实验室测试结果为(R_w+C)不小于 55 dB 的墙体。

4 隔墙上电气插座、配电箱或其他嵌入墙里的配套构件,不应背对背布置,应相互错开,墙体上所开的洞、槽应采取隔声封堵措施。

6.4.5 建筑楼板的撞击声隔声性能设计,应符合下列规定:

1 住宅卧室、起居室分户楼板设计采用改善楼板撞击声隔声性能的构造措施,可采取弹性面层、隔声吊顶等构造措施。

2 住宅建筑平面布置时,分户楼板上下房间宜布置为相同使用功能房间。

6.4.6 建筑内产生噪声的房间或设备,应符合下列规定:

1 水池、水泵房、冷却塔宜设置在对噪声敏感建筑物噪声干扰较小的位置。

2 冷热源站房、锅炉房、风机房等暖通空调系统产生噪声与振动的房间,不应毗邻噪声敏感房间布置。

3 变配电室宜单独设置在噪声敏感建筑之外,不应贴邻噪声敏感房间布置,并应采取有效的隔振、隔声措施;发电机房应采取有效的机房隔声构造措施。

6.4.7 公共建筑的吸声和语言清晰度设计,应符合下列规定:

1 公共建筑中采用扩声系统传输语言信息的场所,500 ~ 1000 Hz 混响时间不超过 2.0 s,或语言清晰度指标不低于 0.50。

2 混响时间应通过设置足够的吸声材料及构造进行控制,设计时应进行混响时间计算或模拟分析。

3 背景噪声级应通过提高围护结构隔声性能、建筑设备隔振降噪等方式进行控制。

6.4.8 开放式办公空间的声学设计,应符合下列规定:

1 开放式办公空间的吊顶和隔墙宜结合装修设计布置吸声材料或构造,吸声材料或构造的降噪系数(NRC)不应小于0.60。

2 开放式办公空间内应结合公共广播系统设置声掩蔽系统。

3 开放式办公空间内宜进行噪声规划设计,将嘈杂办公设备和会议交流区集中布置,朝向安静区域侧设置声屏障;开放式办公空间宜进行小组团设计,组团之间可设置声屏障或吸声隔断;开放式办公空间内的办公工位之间隔断宜采用吸声隔断。

4 开放式办公空间内主要交通流线地面宜铺设降低行走噪声的柔性面层材料。

6.4.9 建筑物内部建筑设备传播至主要功能房间的室内噪声级应符合下列规定:

1 以睡眠为主要功能的房间,夜间室内噪声等效声级(L_{Aeq})不应大于33 dB(A)。

2 以日常生活为主要功能的房间,室内噪声等效声级(L_{Aeq})不应大于40 dB(A)。

3 以阅读、自学、思考为主要功能的房间,室内噪声等效声级(L_{Aeq})不应大于40 dB(A)。

4 以教学、医疗、办公、会议为主要功能的房间,室内噪声等效声级(L_{Aeq})不应大于45 dB(A)。

5 通过扩声系统传输语言信息的场所,室内噪声等效声级(L_{Aeq})不应大于55 dB(A)。

6.4.10 降低主要功能房间的室内噪声等效声级,并满足以下规定:

1 以睡眠为主要功能的房间,夜间室内噪声等效声级($L_{Aeq,8h}$)≤30 dB(A),最大时间计权声级L_{AFmax}≤45 dB(A)。

2 以阅读、学习、思考为主要功能的房间,室内噪声等效声级

$(L_{Aeq,8h}) \leqslant 35$ dB(A)。

3 以日常生活活动、教学、医疗、办公、会议为主要功能的房间,室内噪声等效声级 $L_{Aeq} \leqslant 40$ dB(A)。

4 通过扩声系统传输语言信息的场所,室内噪声等效声级 $L_{Aeq} \leqslant 500$ dB(A)。

6.4.11 建筑物内外部振动源对噪声敏感房间无结构噪声干扰,并满足以下规定:

1 居住建筑中有睡眠要求的功能房间,夜间结构噪声低频等效声级$(L_{Aeq,T,L}) \leqslant 30$ dB(A)。

2 公共建筑中有阅读、自学、思考要求,以及有教学、医疗、办公、会议要求的功能房间,结构噪声低频等效声级$(L_{Aeq,T,L}) \leqslant 35$ dB(A)。

6.5 天然采光

6.5.1 主要功能房间的采光应满足现行国家标准《建筑采光设计标准》GB 50033 的要求,并符合下列规定:

1 在办公、学校、老年人照料设施、交通等公共空间,应遵循天然采光优先的原则。

2 应具有良好的窗外视野。

3 采光窗的透光折减系数 T_r 应大于 0.45,采光口透光材料的颜色透射指数(R_a^T)不应低于 80。

4 顶部采光时,采光均匀度不应低于 0.7;侧面采光时,有效进深范围内的采光均匀度不应低于 0.4。

5 居住建筑的居住空间窗台面受太阳反射光连续影响时间不应超过 30 min。

6.5.2 采光设计应采用静态采光指标与动态采光指标相结合的设计方法,并应考虑地域性光气候特征,公共建筑的采光宜满足表 6.5.2 的规定。

表 6.5.2 公共建筑天然光利用的要求

序号	房间/区域		要求
1	主要房间功能	天然光照度值≥300 lx 且时数平均≥4 h/d 的区域	面积比例≥75%
2		天然光照度值≥1000 lx 且时数≥250 h/a 的区域	面积比例≤10%
3	大进深或地下无窗空间		采取有效措施充分利用天然光

6.5.3 建筑采光设计宜采用下列措施:

1 通过采光模拟分析定量评价和优化室内采光质量。

2 调整建筑平面布置和外窗设置,控制房间的进深。

3 采用中庭、采光天井、屋顶天窗、导光装置等,改善采光。

4 外窗设置反光板和反光百叶等,将室外光线反射到进深较大的室内空间。

6.5.4 地下空间宜采取以下措施充分利用天然采光:

1 设计成半地下室,直接开窗采光。

2 采用下沉式庭院、天井、窗井、采光天窗、导光装置等采光措施。

6.6 无障碍

6.6.1 建筑的无障碍设计应满足现行国家标准的有关要求,且无障碍系统应完整连贯。

6.6.2 建筑内合理设置电梯,两层及两层以上的民用建筑宜设电梯;公共建筑宜设置至少一部无障碍电梯;居住建筑每单元宜设置至少一部可容纳担架的无障碍电梯。

6.6.3 公共建筑室内高差处设有明显标识并做坡道处理;住宅套

内至少有一个卧室与餐厅、厨房和卫生间在一个无障碍平面上,老年人使用的卫生间紧邻其卧室布置;老年人使用场所的标识系统清晰。

6.6.4 公共建筑内应设置含无障碍厕位的公共卫生间;宜设置无障碍厕所、第三卫生间或家庭卫生间。

7 给水排水设计

7.1 水质保障与提升

7.1.1 生活饮用水、游泳池、生活热水、采暖空调系统、景观水体等用水的水质应符合现行国家相关标准的规定。

　　1 优先选用市政供水作为水源。

　　2 当第 1 款无法满足时,应设置水处理设施对水源供水进行水质净化处理,使其水质符合现行国家相关标准的规定。

　　3 水质需求差异较大的各类用水,应设置分质供水系统。

　　4 水质需求差异较小的各类用水合用供水系统时,系统水质应满足要求最高者。

　　5 各类用水二次供水系统应在储水设施、分支管路等水力停留时间较长的位置,设置储水消毒、循环处理等措施避免水质恶化。

7.1.2 非传统水源水质应符合现行国家相关标准的规定。自建非传统水源处理设施时,优先选用雨水、优质杂排水等水质较好的原水。

7.1.3 生活饮用水供水系统水质总硬度(以碳酸钙计)大于 300 mg/L 时,宜设置软化处理设备。

　　1 日用水量大于或等于 10 m³ 且用水点较为集中的供水系统,宜集中设置软化水处理设备。

　　2 日用水量小于 10 m³ 或用水点较为分散的供水系统,宜在用水点附近就地设置局部或分散软化水处理设备。

7.1.4 二次加压供水生活饮用水给水系统水质菌落总数为 20~100 CFU/mL 时,宜设置消毒装置。优先选择消毒效率高、消毒持久性长、无消毒副产物的消毒装置。

7.1.5 人员长期停留的建筑,宜设置直饮水系统或设施。

　　1 办公、商业、文化、教育、科研等直饮水用水点分散,或用水量小,或同时用水概率较低的建筑场所,宜在用水点处就地设置终端净水处理设施。

　　2 餐饮、酒店、公寓、宿舍、住宅等用水点集中,或用水量大,或同时用水概率较高的建筑场所,宜设置管道直饮水系统;住宅分户可设置户式直饮水处理设备。

　　3 管道直饮水系统应设循环管道,循环回水应经消毒处理。

　　4 公共建筑直饮水用水点供水半径不宜大于 100 m,有条件时,不大于 30 m;室外健身场地出入口步行 200 m 范围及儿童游乐场地、交流场地等 100 m 范围内宜设有直饮水设施。

　　5 直饮水用水点不应设在易污染的地点,位置应便于取用、检修和清扫,并应保证良好的通风和照明。

7.1.6 集中生活热水系统应采取措施控制嗜肺军团菌孳生。

　　1 应设置机械循环系统,热水供水系统的水温不低于 46 ℃,热水循环系统的回水温度不宜低于 50 ℃,设置的水温在线监测系统具有供回水温度和最不利出水点水温的功能。

　　2 宜设置杀菌设备,杀菌设备设置要求同 7.1.3 条。

7.1.7 生活饮用水供水系统应采取措施避免储水水质恶化。

　　1 储水设施宜采用符合现行国家标准《二次供水设施卫生规范》GB 17051 规定的成品水箱,水箱应符合现行国家标准《生活饮用水输配水设备及防护材料的安全性评价标准》GB/T 17219 的规定。

　　2 储水设施有效容积大于 50 m³ 时,宜分成容积基本相等、能独立运行的两格。

　　3 储水设施进出水管布置不应产生水流短路,必要时应设导流装置。

7.1.8 应按照现行国家标准《建筑给水排水设计标准》GB 50015

的规定,根据用水点回流性质、回流污染的危害程度,选择空气间隙、倒流防止器和真空破坏器等防回流污染措施。

    1 卫生器具和用水设备等的生活饮用水管配水件出水口不得被任何液体或杂质所淹没。

    2 出水口高出承接用水容器溢流边缘的最小空气间隙,不得小于出水口直径的 2.5 倍。

    3 生活饮用水储水设施进水管口最低点高出溢流边缘的空气间隙不应小于进水管管径,且不应小于 25 mm,可不大于 150 mm。

    4 生活饮用水管向消防等其他非供生活饮用的贮水池(箱)补水时,其进水管口最低点高出溢流边缘的空气间隙不应小于 150 mm。

    5 生活饮用水管向中水、雨水回用水等回用水系统的贮水池(箱)补水时,其进水管口最低点高出溢流边缘的空气间隙不应小于进水管管径的 2.5 倍,且不应小于 150 mm。

7.1.9 各类用水的分质供水系统宜分别设置水质在线监测系统,且具有下列功能:

    1 具有参数越限报警、事故报警及报警记录功能。

    2 存储介质和数据库可连续记录 1 年以上的运行数据。

7.1.10 景观水体的水质应满足现行国家相关标准的规定,再生水回用系统不得用于与人体直接接触的景观水体,用于绿化灌溉时不应采用喷灌方式。

7.2　系统安全与卫生

7.2.1 所有给水排水管道及设备宜分系统设置永久性标识。

    1 标识设置原则及要求应在系统设计阶段提出。

    2 标识设置位置应遵循清晰、醒目原则,均匀且 100% 覆盖系统。

3 标识设置形式应避免随时间褪色、剥落、损坏,塑料管可采用管材添色,金属管或保温管道可采用管壁喷涂,设备可采用系挂吊牌等。

4 标识信息宜包含但不限于系统名称、流向、分区等。

7.2.2 室内生活饮用水管道应选用耐腐蚀、耐久性能好和安装连接方便、可靠的管材,应采用铜管、不锈钢管;管道阀门材质应根据耐腐蚀、管径、压力等级、使用温度等因素确定,可采用全铜、全不锈钢和铁壳铜芯等。阀门的公称压力不得小于管材及管件的公称压力。

7.2.3 室内除防冻保温以外的所有给水管、中水管的托吊管段和立管,设在管井和吊顶内的排水金属管,接雨水斗的连接短管和悬吊管(室内部分)做防结露措施。

7.2.4 宜按照管网漏损检测要求设置远传计量系统,并设置自动检漏报警功能。

7.2.5 室内排水宜采用污废分流制,厨房及卫生间排水应分别设置排水系统接至室外检查井。

7.2.6 卫生间宜采用同层排水方式。

1 宜采用墙排方式实现同层排水。

2 宜采用整体卫浴设施实现同层排水。

7.2.7 建筑给排水系统的隔振降噪设计,应符合下列规定:

1 民用建筑的给水排水设备、冷却塔宜选用低噪声产品。

2 冷却塔应安装在专用的基础上,不得直接设置在楼板或屋面上;位置宜远离对噪声敏感的区域;进水管、出水管、补充水管上应设置隔振防噪装置;冷却塔基础应设置隔振装置。

3 给排水管道不应穿越客房、病房和住宅的卧室等噪声敏感房间,宜对排水管道采取隔声包覆等降低排水噪声的有效措施,宜控制给水管道中水流速度和压力,避免流速过大产生水锤,引起噪声,给排水管道穿过楼板和墙体时,孔洞周边应采取密封隔声措施。

7.3 卫生器具与地漏

7.3.1 卫生器具存水弯及水封应符合下列规定：

　　1 应采用构造内自带水封的便器，且水封高度不应小于50 mm。

　　2 构造内无水封的卫生器具、其他设备的排水口、排水沟的排水口与排水管道连接时，应在排水口以下设存水弯，且水封高度不应小于50 mm。

　　3 医疗卫生机构内门诊、病房、化验室、实验室等不在同一房间内的卫生器具不得共用存水弯。

　　4 卫生器具排水管段上不得重复设置水封。

7.3.2 公共卫生间宜选用能够降低人群间接触的卫生器具。

　　1 宜选用具备自动更换垫圈功能的坐便器。

　　2 宜采用感应式龙头、感应式冲洗阀或脚踏式冲洗阀等无接触式用水方式。

　　3 设置无障碍厕所、第三卫生间或家庭卫生间，并进行无接触用水设计。

7.3.3 采用符合现行国家标准《卫生洁具 智能坐便器》GB/T 34549规定的智能坐便器。

7.3.4 地漏应设置在有设备和地面排水的下列场所：

　　1 卫生间、盥洗室、淋浴间、开水间。

　　2 洗衣机、直饮水设备、开水器等设备的附近。

　　3 食堂、餐饮业厨房间。

　　4 易溅水的器具或冲洗水嘴附近，且应在地面的最低处。

7.3.5 地漏的选择和水封设置应满足下列要求：

　　1 不经常排水的场所设置地漏时，应采用密闭地漏。

　　2 食堂、厨房和公共浴室等地的排水宜设置网筐式地漏。

　　3 地漏应选取具有防干涸功能的，宜自带水封且水封高度不应小于 50 mm。

    4 事故排水地漏不设水封时,连接地漏的排水管道应单独设置,且采用间接排水。

    5 设备排水地漏不设水封时,应在排水口以下设存水弯,且不宜与污水管道直接连接。

    6 地漏排水能力不应低于现行国家标准《地漏》GB/T 27710中的规定。

7.3.6 如设化粪池,位置应避开建筑、小区主要出入口和人员聚集场所。

8 暖通空调设计

8.1 环境舒适

8.1.1 供暖空调房间内的温度、湿度、新风量、气流速度等设计参数应符合现行国家标准《民用建筑供暖通风与空气调节设计规范》GB 50736 的规定。

8.1.2 人工冷热源热湿环境室内设计参数应符合以下规定：

　　1 人员长期逗留区域空调室内设计参数应符合表 8.1.2 的规定。

表 8.1.2　人员长期逗留区域空调室内设计参数

类别	热舒适等级	温度/℃	相对湿度/%	风速/（m/s）
供热工况	Ⅰ级	22~24	≥30	≤0.2
	Ⅱ级	18~22	—	≤0.2
供冷工况	Ⅰ级	24~26	40~60	≤0.25
	Ⅱ级	26~28	≤70	≤0.25

注：Ⅰ级热舒适度较高，Ⅱ级热舒适度一般。

　　2 人员短期逗留区域空调供冷工况室内设计参数宜比长期逗留区域提高 1~2 ℃，供热工况宜降低 1~2 ℃。短期逗留区域供冷工况风速不宜大于 0.5 m/s，供热工况风速不宜大于 0.3 m/s。

8.1.3 人工冷热源应合理设计空调区的气流组织，并符合以下规定：

　　1 气流组织设计应根据空调区的温湿度参数、允许风速、温度梯度及空气分布特性指标（ADPI）等要求，结合内部装修、工艺或家具布置等确定；供暖空调环境局部热舒适评价指标冷吹风感引起的局部不满意率（LPD_1）、垂直温差引起的局部不满意率

（LPD$_2$）和地板表面温度引起的局部不满意率（LPD$_3$）宜达到现行国家标准《民用建筑室内热湿环境评价标准》GB/T 50785 规定的Ⅱ级及以上；老年人、孕妇、婴幼儿、病人等易感人群聚居的建筑或房间室内冷吹风感引起的局部不满意率（LPD$_1$）≤10%，垂直温度差引起的局部不满意率（LPD$_2$）≤5%。

  2 复杂空间空调区的气流组织设计，宜采用计算流体动力学（CFD）数值模拟计算。

8.1.4 宜设计合理措施保障建筑不同功能空间的热舒适要求：

  1 厨房配置暖通空调系统或设备。

  2 卫生间设置暖通空调系统或设备。

  3 建筑室内采用调节方便、可提高人员舒适性的末端设备。

8.1.5 建筑供暖通风空调系统的隔声消声设计，应符合下列规定：

  1 暖通空调系统末端设备（如空气处理机组、风机盘管、风口等）应根据室内允许噪声级的要求，选用低噪声产品。

  2 暖通空调系统应采取有效的隔振和综合降噪措施，受设备振动影响的管道，应采取软管连接、设置弹性支吊架等措施。

  3 暖通空调系统宜进行消声设计，通过控制流速、设置消声器等综合措施降低动力机械辐射噪声及气流再生噪声。

  4 餐饮厨房的排油烟设备宜选用低噪声产品，并采取有效的隔振减噪措施，相邻房间的排烟、排气通道宜采取防止相互串声的措施。

8.2 空气质量

8.2.1 应对室内颗粒物污染控制进行专项设计，并符合下列要求：

  1 PM$_{2.5}$ 年均浓度不宜高于 15 μg/m³ 且不应高于 25 μg/m³；PM$_{10}$ 年均浓度不宜高于 30 μg/m³ 且不应高于 50 μg/m³。

2 允许全年不保证 5 d 条件下,$PM_{2.5}$ 日平均浓度不宜高于 35 $\mu g/m^3$,PM_{10} 日平均浓度不宜高于 75 $\mu g/m^3$。

8.2.2 宜采取合理措施避免气味、颗粒物、臭氧、热湿等特殊散发源空间的污染物串通到室内其他空间或室外活动场所,并符合下列要求:

1 设置独立的局部机械排风系统,并设置补风措施。

2 排风系统入口处设止回阀或与风机连锁的电动风阀,防止污染物的倒灌,空间内无异味。

8.2.3 宜根据项目需求合理采取空气净化措施:

1 当项目所在地近三年室外大气年均 $PM_{2.5}$ 浓度均低于 35 $\mu g/m^3$,且无明显颗粒物排放污染源时,可不设置空气净化装置。

2 当项目主要功能房间采用新风净化或循环风净化系统时,可设置具有空气净化功能的集中式新风系统,或具有空气净化功能的分户式新风系统、窗式通风器,或在空调系统内部设置净化装置、模块,且其污染物净化效率符合现行国家标准《通风系统用空气净化装置》GB/T 34012 中 A 级的规定。

3 当项目主要功能房间采取独立的空气净化器时,空气净化器效能符合现行国家标准《空气净化器》GB/T 18801 中高效级的规定。

8.2.4 厨房应采取保障排风的措施,防止厨房油烟串通到室内其他空间及室外活动场所,并满足下列要求:

1 住宅厨房应采用机械排风方式或预留机械排风系统开口,且应留有必要的进风面积,全面通风换气次数不小于 3 次/h。

2 当公共厨房通风存在发热量大且散发大量油烟和蒸汽的厨房设备时,应设置排风罩等局部机械排风设施;其他区域当自然通风达不到要求时,应设置机械通风。

3 吸油烟机等机械排风设备单台最大静压大于 600 Pa 或最大风量大于 15 m^3/min;油烟排放浓度不大于 1.0 mg/m^3,油烟去除效率不小于90%。

4 合理采用补风措施,保证排风设备按设计风量正常运转,厨房换气量应符合现行国家标准《民用建筑供暖通风与空气调节设计规范》GB 50736 的规定。

5 共用烟道安装防火阀与烟道之间连接牢固、无漏风且安装止回阀或与风机连锁的电动风阀等防油烟气味倒灌装置,防止油烟气味的倒灌。

8.2.5 集中厨房的油烟应采取净化等措施处理后排放,厨房油烟排放应符合现行国家标准《饮食业油烟排放标准》GB 18483 等相关标准的规定;场地内的锅炉房排烟应满足现行国家标准《锅炉大气污染物排放标准》GB 13271 等相关标准的规定。

8.2.6 暖通空调系统设计应充分考虑应对重大突发公共卫生事件,应满足以下要求:

1 合理进行气流组织设计,使室外新风流经人员所在场所。

2 空调系统新风口及周围环境清洁,确保新风不被污染;新风口、排风口、加压送风口、排烟口设置应满足卫生要求。

3 空调通风系统具备方便清洗消毒的条件;回风过滤器、表冷器附近安装紫外线消毒灯等措施,实现空气净化消毒。

4 在应急状态下具备加强室内外空气流通的功能。

8.3 监测与控制

8.3.1 地下车库应设机械通风,并对一氧化碳浓度进行实时监测,且与通风系统联动。每个防烟分区均应设置一氧化碳浓度监测点。

8.3.2 建筑内宜设置空气质量监控及显示系统,并具备下列功能:

1 能监测并实时显示室内 PM_{10}、$PM_{2.5}$、CO_2 浓度,且有参数越限报警、事故报警及报警记录功能,并设有系统或设备故障诊断功能,其存储介质和数据库能记录连续一年以上的运行参数。

    2   空气质量监测系统与所有室内空气质量调控设备组成自动控制系统。

    3   对室内空气质量表观指数进行显示。

9 电气设计

9.1 室内照明

9.1.1 各场所的功能性照明应满足现行国家标准《建筑照明设计标准》GB 50034、《建筑节能与可再生能源利用通用规范》GB 55015、《建筑环境通用规范》GB 55016 的要求,并符合下列规定:

1 主要功能房间应根据照明场所功能要求确定照明功率密度值,且不应高于《建筑节能与可再生能源利用通用规范》GB 55015 规定的照明功率密度限值。

2 公共建筑夜间长时间工作或停留场所的照明相关色温不应高于 4000 K,居住建筑卧室夜间照明的相关色温不应高于 3000 K。

3 人员长时间停留的场所,一般显色指数不应低于 80,特殊显色指数 R_9 不应小于 0,色容差不应大于 5 SDCM。

4 人员长时间停留的场所,照明系统光生物安全性应符合现行国家标准《灯和灯系统的光生物安全性》GB/T 20145 中无危险类(RG0)的要求。

5 同类产品的色容差不应大于 5 SDCM。统一眩光值 UGR 应满足现行国家标准要求。

9.1.2 室内照明产品应符合下列规定:

1 照明产品应符合现行国家标准《建筑照明设计标准》GB 50034、《建筑节能与可再生能源利用通用规范》GB 55015 等标准的要求。

2 各场所采用照明产品的闪变指数(P_{ST}^{LM})不应大于 1,人员长时间停留场所采用照明产品的频闪效应可视度(SVM)不应大于 1.3,儿童及青少年长时间学习或活动的场所选用光源和灯具的频闪效应可视度(SVM)不应大于1.0。

3 各种场所严禁使用防电击类别为 0 类的灯具,宜采用 LED 产品。

9.1.3 空间亮度分布合理:

1 居住建筑宜符合下列规定:

(1)室内各表面反射比宜符合表9.1.3-1的规定。

(2)夜间活动路径中宜设置感应夜灯,且夜灯的发光部分未直接朝向床头。

表 9.1.3-1 室内各表面反射比

场所类型	具体规定	
	表面名称	反射比
卧室	顶棚	≥0.5
	墙壁	0.3~0.5
起居室	顶棚	≥0.6
	墙壁	0.3~0.6

2 公共建筑宜符合下列规定:

(1)公共建筑室内工作场所的墙壁平均照度不宜低于 50 lx,顶棚平均照度不宜低于 30 lx,照度均匀度均不宜低于0.1。

(2)人员长期工作并停留场所的墙面平均照度不宜低于作业面或参考平面平均照度的 30%,顶棚平均照度不宜低于作业面或参考平面平均照度的 20%。

(3)作业面临近周围照度不宜低于表 9.1.3-2 的规定,通道和其他非作业区域一般照明的照度不低于作业面临近周围照度的1/3,相邻房间或场所的地面照度比为 0.1~10。

(4)视觉作业要求高的场所宜设置工位照明。

表 9.1.3-2 作业面临近周围照度

作业面照度/lx	作业面邻近周围照度/lx
≥750	500
500	300
300	200
≤200	与作业面照度相同

注:作业面邻近周围指作业面外宽度为 0.5 m 的区域。

9.1.4 宜对室内生理等效照度进行设计,并符合下列规定:

1 居住建筑:夜间在保证正常活动所需视觉照度的前提下,居住空间的生理等效照度不宜高于 50 lx。

2 公共建筑:人员长期工作的场所主要视线方向上 1.2 m 处的人工照明生理等效照度不宜低于 150 lx。

9.1.5 发电机组应采取有效的消声措施。

9.2 室外照明

9.2.1 应合理设置室外照明系统:

1 室外公共活动区域照明相关色温不应高于 5000 K;活动场地最小水平照度不应小于 10 lx,最小半柱面照度不应小于 5 lx;室外公共活动区域应选用上射光通比不超过 25% 且具有合理配光的灯具。

2 人行道、非机动车道最小水平照度及最小半柱面照度均不应低于 2 lx;夜间健身步道的最小水平照度及最小半柱面照度均不应低于 5 lx;活动场地最小水平照度不应小于 10 lx,公共道路照明灯具宜采用截光或半截光灯具。

3 室外照明一般显色指数不应低于 60,色容差不应大于 7 SDCM。

4 健身步道两侧设置夜跑领航照明系统。

9.2.2 室外夜景照明和广告照明等应避免产生光污染,满足《室外照明干扰光限制规范》GB/T 35626 的相关要求,并应符合下列规定:

1 建筑物的入口不宜采用泛光灯直接照射。

2 应根据建筑物表面色彩,合理选择光的颜色以使其与建筑物及周边环境相协调。

3 除指示性、功能性标识外,居住建筑及医院病房楼周边不宜设置广告照明。

4 居住区和步行区的夜景照明设施应避免对行人和非机动车驾驶员造成眩光。

5 夜景照明设施在居住建筑窗户外表面产生的垂直面照度应符合现行行业标准《城市夜景照明设计规范》JGJ/T 163 的规定。

6 夜景照明灯具的上射光通比不宜大于 5%,朝居室方向的发光强度不应大于 2500 cd。

7 宜根据运行时段自动关闭部分或全部夜景照明、广告照明和非重要景观区高层建筑的内透光照明。

8 建筑红线范围内的室外照明干扰光限值应符合现行行业标准《城市夜景照明设计规范》JGJ/T 163 的规定。

9.3 监测与控制

9.3.1 照明系统宜具有良好的控制特性:

1 公共区域的照明系统应采用分区、定时、感应等节能控制。

2 采光区域的照明控制应独立于其他区域的照明控制。

3 大面积照明的场所,宜按照最小功能区域划分照明配电分支回路,以便根据实际使用情况合理控制照明装置,以节约能源;并宜采用具有随天然光照度变化自动调节的智能灯光控制系统。

4 居住建筑宜符合下列规定:

（1）走廊、楼梯间、电梯厅、停车库等公共区域照明根据人员活动及天然光水平，自动感应开关或调光。

（2）室外广告和标识表面亮度能够根据环境亮度自动调节。

（3）熄灯时段自动关闭装饰性照明。

5　公共建筑按下列规定：

（1）可自动调节照度，调节后的天然采光和人工照明的总照度不低于各采光等级所规定的室内天然光照度值。

（2）可自动调节色温，并且与天然光混合照明时的人工照明色温和天然光色温接近。

（3）照明控制系统与遮阳装置联动。

（4）人员长时间工作的场所，能够在工作区域实现个性化控制。

9.3.2　应设置多媒体系统或网络平台，向建筑使用者展示室外空气质量、温度、湿度、风级、气象灾害预警及突发事件警示等信息，并给出相关生活提示。

9.3.3　宜设置主动健康建筑基础设施，并具备如下功能：

1　宜设置健康数据边缘集成与控制器，具有数据融合、存储、边缘计算、隐私分级与保护功能。

2　宜设置健康数据边缘集成与控制器，具有健康护照功能。

3　宜设置建筑内个人健康信息连续监测终端，具有体温、心率、呼吸率、血压、睡眠、行为等感知终端，感知参数不低于4种。

4　宜具有健康促进装置，健康促进智能终端提供个体化营养、饮食、运动健康等个体化行为干预，服务类别≥2项。

5　宜具有健康风险预警装置，设有文字、语音、视频等提醒功能。

6　宜具有慢性病干预智能终端，提供健康连续服务和基于专业指导的健康自主管理服务支持，具有病人、家庭医生和医院三级联动功能。

7 宜在室内健身房、老年人活动场地设有健康监测设备。

8 宜设有紧急呼救按钮等主动呼救装置，以及语音、视频、呼叫亲属、急救信息回传等被动呼救装置，支持数字健康家庭服务。

9.3.4 宜设置健康建筑智能化集成管理系统，具备多参数实时查询、风险提示与智能联动功能，宜设置不少于 3 项功能：

1 系统具有室内空气质量如 $PM_{2.5}$、PM_{10}、CO_2 等浓度实时远程查询模块。

2 系统具有水质状况实时远程查询功能模块。

3 系统具有室内外噪声级实时远程查询功能模块。

4 系统具有远程启动室内温湿度、空气净化等设备的功能。

5 系统具备室内环境健康在线评估和风险预警功能。

6 系统具备评估结果对环境设备系统的自主调控功能。

7 系统具有基于人体热感觉自动动态调节主要功能房间的供暖空调系统的功能。

10 室内设计

10.1 装饰装修

10.1.1 应采用污染物含量符合国家现行相关标准规定的建筑材料及装饰装修材料,并符合下列要求:

1 不应使用含有石棉的建筑材料和物品。

2 不应使用铅含量超过 90 mg/kg 的木器漆、防火涂料及饰面材料。

3 宜选用邻苯二甲酸二(2-乙基己)酯(DEHP)、邻苯二甲酸二正丁酯(DBP)、邻苯二甲酸丁基苄酯(BBP)、邻苯二甲酸二异壬酯(DINP)、邻苯二甲酸二异癸酯(DIDP)、邻苯二甲酸二正辛酯(DNOP)的含量不超过 0.01% 的地板、地毯、地坪材料、墙纸等产品。

4 宜选用有害物质限值同时满足现行国家标准《室内装饰装修材料 地毯、地毯衬垫及地毯胶粘剂有害物质释放限量》GB 18587 中 A 级要求、现行行业标准《环境标志产品技术要求 人造板及其制品》HJ 571 规定限值的 60% 及现行国家标准《室内装饰装修材料 聚氯乙烯卷材地板中有害物质限量》GB 18586 规定限值的 70% 的室内地面铺装产品。

5 宜选用 VOCs 含量满足现行国家标准《室内装饰装修材料 溶剂型木器涂料中有害物质限量》GB 18581 和《室内装饰装修材料 胶粘剂中有害物质限量》GB 18583 规定限值的 50% 的室内木器漆、涂剂类产品,且室内使用的木器漆产品中水性木器漆产品占比不宜低于 40%(以采购成本计)。

6 宜选用满足现行行业标准《低挥发性有机化合物(VOC)水性内墙涂覆材料》JG/T 481 规定的最高限值要求的涂料、腻子等产品,其中防火涂料的 VOCs 限值宜低于 350 g/L,聚氨酯类防水涂料的 VOCs 限值宜低于 100 g/L。

  7 主要功能房间内安装的具有特殊功能的多孔材料的甲醛释放率≤0.05 mg/(m² · h)。

10.1.2 应采用预评估的方式对建筑材料及装饰装修材料选用方案进行校核与优化,建筑室内空气中甲醛、苯系物(苯、甲苯、二甲苯)、总挥发性有机化合物(TVOC)的浓度预评估结果应符合现行国家标准《室内空气质量标准》GB/T 18883 的规定,宜选用室内空气中甲醛、苯系物(苯、甲苯、二甲苯)、总挥发性有机化合物(TVOC)的浓度高于现行国家标准《室内空气质量标准》GB/T 18883 规定限值的 80% 的建筑材料及装饰装修材料。

10.1.3 主要功能房间和公共空间基于色彩心理学进行设计的面积不宜低于 30%,通过影响人体感知觉起到调节情绪、舒缓压力作用。

10.1.4 应合理设置标识系统,并符合下列规定:

  1 公共区域及老年人使用场所应设置清晰、醒目的引导及警示标识。

  2 公共卫生间宜张贴正确洗手标语或海报。

  3 利用建筑内空间合理设计室内步行系统。

10.1.5 室内空气中放射性物质氡的年均浓度不应大于 150 Bq/m³。

10.2 家具及陈设品

10.2.1 应选用污染物含量符合国家现行相关标准规定的家具和陈设品,并符合下列规定:

  1 选用的木家具有害物质限值应符合表 10.2.1 的规定。

  2 选用的塑料家具有害物质限值符合现行国家标准《塑料家具中有害物质限量》GB 28481 的规定。

3 选用的床垫等软体家具的甲醛释放率不宜高于 0.05 mg/(m^2 · h)。

4 选用的家具和陈设品邻苯二甲酸酯类(PAEs)、卤系阻燃剂的含量不宜超过 0.01%。

5 选用的纺织、皮革类产品有害物质含量宜符合现行行业标准《环境标志产品技术要求 纺织产品》HJ 2546 等规定限值的要求。

6 宜采用不少于 5 项健康建筑产品,且单项应用比例不低于 70%。

表 10.2.1 木家具中有害物质限值

有害物质指标	限值/(mg/m^3)
甲醛释放量	≤0.05
苯	≤0.05
甲苯	≤0.1
二甲苯	≤0.1
TVOC	≤0.3

10.2.2 使用者长期停留的房间及供使用者交流、休憩的建筑外平台等,宜引入自然景观要素,平均每 50 m^2 不宜少于一株绿植,且宜选用类别多样、层次丰富的绿化形式。

10.2.3 公共空间宜设置字画、雕塑、摆件等艺术品提升空间美观;宜设置舒缓压力的音乐播放装置,通过改善视觉、听觉环境以丰富对人体知觉的影响。

10.2.4 设有明显的楼梯间引导及鼓励使用标识,采取艺术、互动等形式提升楼梯间的舒适度。

10.3 室内安全

10.3.1 室内公共活动区域、走道、厨房、浴室、卫生间等地面均应采用防滑材料铺装，地面的防滑等级不低于现行行业标准《建筑地面工程防滑技术规程》JGJ/T 331 规定的 Bd、Bw 级；坡道、楼梯踏步防滑等级达到现行行业标准《建筑地面工程防滑技术规程》JGJ/T 331 规定的 Ad、Aw 级或按水平地面等级提高一级，并采用防滑条等防滑构造技术措施。

10.3.2 建筑设计应兼顾老年人、儿童等弱势人群的安全与便捷，并符合下列规定：

1 老人、儿童、残疾人聚集的活动场所，应提高地面防滑等级。

2 建筑公共区及老年人用房、康复与医疗用房、儿童用房等墙面无尖锐突出物，且墙、柱、家具等处的阳角宜做圆角处理。

3 老年人用房、康复与医疗用房应设有安全抓杆或扶手，其他建筑公共区宜设有安全抓杆或扶手。

4 儿童能接触到的 1.30 m 以下的室外墙面无尖锐突出物，室内墙面采用光滑易清洁的材料，墙角、窗台、窗口竖边等棱角部位均为圆角。

5 儿童经常活动区域的门窗、楼梯等采取必要的安全保护措施，设置防护栏和儿童低位扶手等。

10.4 人体工学

10.4.1 宜设置方便使用者的人性化空间或设施：

1 公共盥洗室具有洗手、置物等便利条件，宜设置有婴儿护理台。

2 每个卫生间隔间内设置置物挂钩、置物隔板等置物装置，置物装置位于近门侧，并张贴防物品遗落警示标识。

10.4.2 卫浴间布局合理,宜符合表6.2.8的规定。

10.4.3 厨房、茶水间设计符合舒适高效要求,并宜符合表6.2.9的规定。

10.4.4 附属家具设施宜符合舒适高效要求:

    1 居住建筑宜选用高度可调节的案台台面、吊柜等新型厨房产品。

    2 公共建筑宜选用工位桌面、工位座椅及设备屏幕高度、角度可调节的产品;宜结合员工的活动习惯设置午休设备。

11 景观设计

11.1 景观设施

11.1.1 景观环境应尊重整体场地布局,综合考虑各类环境要素,与建筑风格相协调,景观环境设立时需保证建筑主要房间有良好的户外视野,并满足规划设计的相关要求。

11.1.2 儿童活动场地应满足全龄段儿童使用需求,并符合下列要求:

　　1 儿童游乐场地不小于 120 m^2,或人均不小于 0.8 m^2。室外活动场地面应平整、防滑、无尖锐突出物,并宜采用软质地坪。

　　2 设置全龄段儿童活动场地,应根据儿童游戏行为配置游戏设施,所有游戏设施应采用圆角设计、采用保护性地面并设有安全性标识。

　　3 设置儿童看护区或与室外活动场地相邻,座椅配置数量不少于儿童数量的 30%,看护区和场地区均有遮阴设施或树木遮阴,并考虑婴儿车的停放位置。

　　4 场地出入口步行 200 m 范围内设有洗手点或公共卫生间,场地内进出口设置不超过 2 个,场地周围应当采取安全隔离措施,防止走失、失足、物体坠落等风险。

11.1.3 合理设置老年人活动场地,老年人活动场地应动静分区明确。

　　1 每公顷总用地面积设有不小于 4 人的座椅,无障碍设施完善。

　　2 每公顷总用地面积设有不小于 3 台适合老年人的健身设施。

11.1.4 场地内宜设置动水和静水相结合的景观水体,调节场地微气候,亲水性应采取安全防护措施。

11.1.5 采取有效措施改善建筑内外部的声环境,并配置声景小品、音乐播放装置、艺术品、生态景墙、地形绿植等景观元素,改善视觉、听觉环境,促进心理健康。

1 交通干线两侧采取设置声屏障、绿化降噪等措施。

2 运用声音的要素,结合建筑或建筑群的景观设计,进行声景设计。

3 室外区域配置景观小品或艺术品,改善视觉、听觉环境以丰富对人体知觉的影响,促进心理健康。

11.1.6 当室外设置吸烟区时,应结合绿植布置并配置座椅和带烟头收集的垃圾桶。吸烟区应远离人行通道、出入口等,保持10 m 及以上距离。

11.2 景观园路

11.2.1 景观园路设计应满足下列规定:

1 尺寸规格:应设置宽度不小于 1.25 m 的健身步道,长度不应小于用地红线周长的 1/4 且不应小于 100 m。

2 标识:跑道设有健身引导标识。

3 材料:采用弹性减振、防滑且符合环保标准的铺装材料。

4 照明:健身步道两侧设置夜跑领航照明系统。

5 无障碍:场地与建筑的无障碍设计应符合现行国家标准《无障碍设计规范》GB 50763、《建筑与市政工程无障碍通用规范》GB 55019 的规定,且无障碍系统应完整连贯。

11.2.2 室外场地的防滑措施应符合下列规定:

1 室外坡道、台阶、无障碍步道防滑性能应满足《建筑地面工程防滑技术规程》JGJ/T 331 规定的 Aw 级要求。

2 人行道、步行街、广场、停车场、老人和儿童活动场地、残疾人活动场地的地面防滑性能不应低于《建筑地面工程防滑技术规程》JGJ/T 331 规定的 Bw 级要求。

11.3 绿化种植

11.3.1 绿化设计方式和原则应符合下列规定：

1 应遵循乡土适生、适地、适树的原则，植物组群类型符合当地气候状况，同时满足景观构成，丰富景观层次，乔、灌、花、草、地被合理搭配，常绿与落叶合理搭配，季相变化丰富，满足营造良好生态环境及休憩、观赏、健康等功能需要。

2 建筑周边植物栽植应充分考虑采光、通风、日照、安全等需要，道路交叉口的植物栽植应考虑车行及人行的视线安全。

3 宜利用围墙、围栏、挡墙、驳岸及棚架、景墙等园林小品进行垂直绿化，提高场地的绿量和绿视率。营造绿化环境，为用户提供与自然的接触条件。

11.3.2 植物品种选择时应符合下列规定：

1 室外近人区域的绿化植物应无毒无害。

2 所选植物具有净化空气、驱虫杀菌等功能。

3 植物品种应考虑多样性选择，广泛应用观花、观叶、观果类植物，室外植物品种不少于 40 种，并采用铭牌标识植物品种、习性、果实采摘规定等知识。

4 屋顶绿化不应选择根系穿刺性强的植物，宜种植耐旱、耐移栽、生命力强、抗风力强、外形较低矮的植物；同时屋顶植物须考虑屋顶荷载和覆土。

5 垂直绿化宜以地栽、容器栽植藤本植物为主，可根据不同的依附环境选择不同的植物。

11.3.3 绿化设计宜有利于改善声环境，在噪声源周围根据声源类型种植枝叶茂盛的植物品种，植物结合地形形成植物噪声屏障。

11.3.4 场地内的步道、活动场地、休憩空间、看护场地等周边宜栽植落叶乔木(遮阴面积达到 20%)或设置构筑物提供遮阴，形成良好的林荫环境。

11.4 室外标识

11.4.1 室外各场地应设置完善清晰的室外标识系统。

11.4.2 室外标识系统应积极推广健康生活理念,入口广场、路边空间及活动场地等公共区域宜设置健康生活理念宣传栏,宣传健康生活理念。

11.4.3 当室外设有吸烟区时,应设置完整的导向、定位标识及吸烟有害健康的警示标识。

本标准用词说明

1 为便于在执行本标准条文时区别对待,对要求严格程度不同的用词说明如下:

1) 表示很严格,非这样做不可的:

正面词采用"必须",反面词采用"严禁";

2) 表示严格,在正常情况下均应这样做的:

正面词采用"应",反面词采用"不应"或"不得";

3) 表示允许稍有选择,在条件许可时首先这样做的:

正面词采用"宜",反面词采用"不宜";

4) 表示有选择,在一定条件下可以这样做的,可采用"可"。

2 条文中指明应按其他有关标准执行的写法为:"应符合……的规定"或"应按……执行"。

引用标准名录

1 《民用建筑设计统一标准》GB 50352

2 《城市居住区规划设计标准》GB 50180

3 《建筑与市政工程无障碍通用规范》GB 55019

4 《河南省健康建筑评价标准》T/HNKCSJ 002—2022

5 《12 系列建筑标准设计图集》DBJT 19—07—2012

6 《住宅厨房和卫生间排烟(气)道制品》JG/T 194—2018

7 《建筑采光设计标准》GB 50033

8 《声环境质量标准》GB 3096

9 《地表水环境质量标准》GB 3838

10 《生活饮用水卫生标准》GB 5749

11 《建筑外门窗气密、水密、抗风压性能分级及检测方法》GB/T 7106

12 《二次供水设施卫生规范》GB 17051

13 《木器涂料中有害物质限量》GB 18581

14 《室内装饰装修材料 胶粘剂中有害物质限量》GB 18583

15 《室内装饰装修材料 木家具中有害物质限量》GB 18584

16 《室内装饰装修材料 聚氯乙烯卷材地板中有害物质限量》GB 18586

17 《室内装饰装修材料 地毯、地毯衬垫及地毯胶粘剂有害物质释放限量》GB 18587

18 《室内空气质量标准》GB/T 18883

19 《城市污水再生利用 城市杂用水水质》GB/T 18920

20 《城市污水再生利用 景观环境用水水质》GB/T 18921

21 《建筑幕墙》GB/T 21086

22 《城市污水再生利用 绿地灌溉水质》GB/T 25499

23　《塑料家具中有害物质限量》GB 28481

24　《LED 室内照明应用技术要求》GB/T 31831

25　《卫生洁具 智能坐便器》GB/T 34549

26　《城市夜景照明设计规范》JGJ/T 163

27　《饮用净水水质标准》CJ 94

28　《游泳池水质标准》CJ/T 244

29　《环境标志产品技术要求 生态纺织品》HJ/T 307

30　《环境标志产品技术要求 人造板及其制品》HJ 571

31　《低挥发性有机化合物（VOC）水性内墙涂覆材料》JG/
T 481

32　《公共体育设施 室外健身设施应用场所安全要求》GB/
T 34284

33　《住宅厨房》14J913-2。

34　《河南省绿色建筑评价标准》DBJ41/T 109

35　《民用建筑供暖通风与空气调节设计规范》GB 50736

36　《空调通风系统清洗规范》GB 19210

37　《民用建筑工程室内环境污染控制标准》GB 50325

38　《空气净化器》GB/T 18801

39　《建筑节能与可再生能源利用通用规范》GB 55015

40　《建筑电气与智能化通用规范》GB 55024

41　《建筑给水排水与节水通用规范》GB 55020

42　《民用建筑室内热湿环境评价标准》GB/T 50785

43　《建筑环境通用规范》GB 55016

44　《民用建筑热工设计规范》GB 50176

45　《环境空气质量指数（AQI）技术规定（试行）》HJ 633

46　《声学 室内声学参量测量 第3部分：开放式办公室》GB/
T 36075.3

47　《无障碍设计规范》GB 50763

48　《工业企业厂界环境噪声排放标准》GB 12348

49　《建筑施工场界环境噪声排放标准》GB 12523

50　《社会生活环境噪声排放标准》GB 22337

51　《城市居民区热环境设计标准》JGJ 286

52　《绿色建筑评价标准》GB/T 50378

53　《饮食业油烟排放标准》GB 18483

54　《公用建筑公生间》16J 914-1

55　《无障碍设计规范》GB 50763

56　《医疗建筑 卫生间、淋浴间、洗池》07J902-3

河南省团体标准

河南省健康建筑设计标准

T/HNKCSJ 010-2023

条文说明

目　次

1 总 则

1.0.1 本条规定了标准的编制目的。住房和城乡建设部等七部门发布《关于印发绿色建筑创建行动方案的通知》（建标〔2020〕65号），将"提高建筑室内空气、水质、隔声等健康性能指标，提升建筑视觉和心理舒适性"列为重点创建目标。

河南省首部《河南省健康建筑评价标准》T/HNKCSJ 002—2022 由河南省工程勘察设计行业协会发布，设立了以"空气、水、舒适、健身、人文、服务"六大健康要素为核心的指标体系，推广应用至今取得了较为显著的成就，取得了行业内外较为广泛的认可。然而，《评价标准》着眼于全寿命周期的综合指导，以目标为导向，不限定具体的技术路径，因此无法聚焦设计专项对多种技术路径的各项设计参数、计算方法、系统形式、材料种类等设计细节的全面指导。此外，《评价标准》为综合性标准，各项指标参数高度跨专业融合，在我国当前设计行业以专业组作为重要分工依据的国情下，设计团队难以快速、精准地从《评价标准》中获取与自己专业相关的设计要点。因此，有必要编制健康建筑设计标准，基于国内外先进健康建筑理念，针对不同专业提出具体的设计要求和方法，实现建筑项目从设计之初即融入健康建筑的理念和性能要求，从而全面指导健康建筑项目设计。

1.0.2 本条规定了标准的适用范围。本标准适用于河南省新建、改建、扩建各类民用建筑健康性能的设计，民用建筑是指供人们居住和进行公共活动的建筑的总称，包括住宅建筑、宿舍建筑、酒店建筑、办公建筑、商业建筑、教育建筑、科研建筑、文化建筑、体育建筑、医疗建筑、交通建筑等各类建筑。本标准中未明确建筑类型的条文，为各种民用建筑的通用要求。

1.0.3 本条规定了健康建筑的设计原则。健康建筑注重为使用者提供更加健康的环境、设施和服务，促进使用者身心健康，提升健康性能。设计单位应将健康建筑设计融入设计全过程，优化建筑技术、材料、产品、设备和设施的选用，不强调唯技术论，不单纯追求健康技术的数量，而应结合当地实际情况进行综合设计，对项目所处的风环境、光环境、热环境、声环境等加以组织和利用，扬长补短，实现建筑规模、建筑技术与健康建筑性能之间的总体平衡。

1.0.4 本条规定了健康建筑还应符合国家现行有关标准的规定。符合国家法律法规和相关标准是进行健康建筑设计的必要条件。本标准未全部涵盖通常建筑物所应有的功能和性能设计要求，而是着重提出与健康性能设计相关的内容，因此健康建筑设计时除应符合本标准要求外，还应符合国家现行有关标准的规定。

3 基本规定

3.0.1 本条规定了设计对象的类型及基础要求。符合全装修要求的民用建筑的建筑群、建筑单体或建筑内区域,建筑群是指位于同一计算区域的边界内、位置毗邻、功能相同、权属相同、技术体系相同或相近的两个及以上单体建筑组成的群体。计算区域的计算边界应选取合理、口径一致,并且可以完整地围合,一般以城市道路围合的最小用地面积为宜。常见的建筑群有住宅建筑群、办公建筑群。建筑内区域是指建筑中的局部区域,具体为相对独立、空间连贯、功能完整的完整竖向单元、完整平面空间、完整一层或完整多层。

3.0.2 本条规定了健康建筑设计针对不同专业提出具体的设计要求和方法,实现建筑项目从设计之初即融入健康建筑的理念和性能要求,全面指导健康建筑项目设计。设计的重点为健康建筑采取的提升健康性能的预期指标要求和健康措施。设计评价应在施工图审查完成之后进行。运行评价不仅关注健康建筑的理念及技术实施情况,更关注实施后的运行管理制度及健康成效。将健康建筑的正式评价时间节点放在建筑投入使用1年后,可有效保障健康建筑技术落地,提升健康建筑性能。

3.0.3 设计文件应对项目进行综合性技术分析,制定合理的技术方案,并按照本标准的要求提交相应分析和相关文件,设计计算的结果应明确计算方法;应对所提交资料的真实性和完整性负责。

4 设计策划与成果

4.1 设计策划

4.1.1 健康建筑设计策划的目的是指明设计的方向,针对不同项目,应结合国家及地方相关法令、法规、标准及建设方需求、项目委托书等要求,因地制宜地提出健康建筑设计目标,明确项目在空气、水、舒适、健身、人文、服务等各方面性能的方向性定位,贯彻相应的规划要求,给出主要控制性指标。在此基础上,制定健康建筑的技术方案,将适宜的健康建筑技术应用到项目全寿命周期内,通过成本与效益对比分析,以达到预期目标。

4.1.2 健康建筑设计策划是可行性研究阶段的一个重要基础,对下一阶段的工作具有切实的指导意义,本条所列的策划内容是策划工作的基本流程,如图 4.1.2-1 所示。

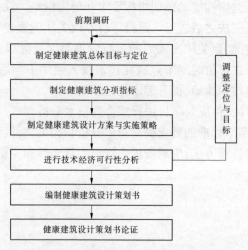

图 4.1.2-1 健康建筑在策划阶段的基本流程

健康建筑设计策划首先应进行前期调研,根据调研结果,制定项目总体目标及各分项指标,在此基础上,进行健康建筑设计方案与实施策略分析、技术经济可行性分析,并根据分析结果,对项目总体目标与定位进行调整,最终编制健康建筑设计策划书并进行论证。

4.1.3 健康建筑设计策划前期调研的主要目的是了解项目所处的自然环境、建设环境、市场环境及社会环境等,结合项目所在地相关地方性法令、法规、标准及建设方需求、项目委托书要求及市场需求,为项目的健康建筑目标和定位确定提供支撑。前期调研是健康建筑设计策划的第一步,对于不同的场地条件、需求和市场、社会环境,项目所选择的健康设计思路与策略会有很大不同。在特定的环境中,需充分了解项目的具体情况,趋利避害、善加利用,可使项目确定适宜的健康建筑定位与目标,同时也为因地制宜地选择健康技术和策略提供基础和依据。

前期调研宜采取实地调研、文献调研、问卷调查、访谈调查等方式,前期调研结果以调研报告的形式完成。

4.1.4 定位与目标分析需首先确定健康建筑总体目标与定位。总体目标和定位应在充分分析项目所处的自然环境(如地理、气候与水文等)、建设环境(周边配套、市政基础设施等)、市场环境(功能需求、发展前景等)及社会环境(经济发展水平、人文环境等)的基础上,满足健康建筑的基本内涵和项目自身要求,依据《河南省健康建筑评价标准》T/HNKCSJ 002—2022,确定达到的相应等级或要求。

在健康建筑总体目标与定位确定的基础上,进一步确定健康建筑的分项指标。即根据健康建筑的总体目标,确定在空气、水、舒适、健身、人文、服务方面的污染物浓度限值、水质指标、室内噪声级、天然光/照明光环境、热湿环境等级、健身场地和设施、交流场地和设施等分项指标,为下一步技术方案的确定奠定基础。

4.1.5 从技术方案到实施策略再到技术选择,健康建筑设计是逐步深化的过程。健康建筑技术方案宜优先通过场地规划、建筑布局、建筑形体优化、设置健康功能空间等规划设计手段与利用场地和气候条件,实现健康建筑性能的提升。无法通过规划设计手段实现健康建筑目标时,可考虑增加高性能的产品和设备,宜选用健康建筑产品。因条件限制不能满足健康建筑目标的,可采取调节、平衡与补偿措施。

4.1.6 技术经济可行性分析宜对建筑全寿命周期健康建筑技术可行性、经济效益、环境效益、社会效益及风险进行分析,以判断健康建筑设计方案是否适宜。首先,可将方案与《河南省健康建筑评价标准》(T/HNKCSJ 002—2022)的控制项或相关强制要求一一对比,确保项目具有成为健康建筑的可能性。其次,进行技术方案的效益和风险分析,对于投资回收期较长和投资额度较大的技术方案应充分论证。分析时应兼顾经济效益、环境效益和社会效益,并提出优化多种效益间矛盾的解决方式。风险评估一般包括工艺技术风险、生态环境风险、经济风险等的评估,通过分析不确定性因素对项目的影响,预估其可能对项目造成的风险。最后,根据技术经济可行性分析结果,修改和完善健康建筑设计策略。

4.2 设计组织与成果

4.2.1 健康建筑设计应贯穿建筑设计全过程的各个阶段,并在各个阶段不断优化和深化设计内容。在各个阶段均要核查健康建筑技术路线在设计中的落实情况,当出现问题无法落实或需要修改时,应整体核查和调整健康建筑技术路线,确保健康建筑目标实现。

4.2.2 健康建筑专业人员可由设计单位自行配备,或来自聘请的健康建筑咨询单位,在项目方案或之前阶段开展工作可以使健康建筑的设计工作更加有效率,避免不必要的设计修改,而且可以更加科学地落实健康建筑的理念,避免技术拼贴或单纯满足标准条文的情况。

健康建筑涵盖"空气、水、舒适、健身、人文、服务"六大健康要素,涉及规划、建筑、给排水、暖通、电气与室内、景观等各专业,强调设计和技术的整合性。健康建筑设计应体现各专业之间的协同配合。

4.2.3 基于健康建筑理念,利用模拟、计算等辅助手段,对室内外空气质量、声环境、光环境、热湿环境、风环境等进行综合分析。依据分析结果进行多目标优化,解决不同性能目标优化之间的矛盾,协调建筑物理性能与健康需求的冲突,可保证健康建筑策划中确定的定位与目标、设计策略与技术体系在设计阶段的落实。这些内容是健康建筑策划的重要内容,也是健康建筑设计区别于传统设计的标志之一。

4.2.4 方案设计阶段。首先,依据健康建筑设计策划书,确定健康建筑的方案设计条件,进行总体目标解析,各专业协同商讨适宜的健康性能分项目标,提出健康建筑设计问题,初步界定与分解健康建筑设计任务。其次,提出方案初步构思,进行健康建筑性能模拟分析与经济性分析,实施健康建筑各指标性能设计实时评价,各专业协同商讨健康问题解决方案,确定健康建筑设计方向,提出主要技术措施与实施策略。最后,探讨健康建筑设计方案与总体目标的契合度和技术措施的适宜性,编制健康建筑投资估算指标,完成健康建筑设计方案说明等设计文件,形成完整的健康建筑方案设计专篇。

初步设计阶段。首先,根据方案设计确认函与修改意见,进行相应评估与调整,进一步明确项目定位与目标及健康建筑的初步设计条件,根据设计目标,各专业协同商讨技术方案的可能性,确认健康建筑设计方向和技术路线及主要技术措施,进一步界定与分解健康建筑各指标性能设计任务。其次,各专业进行设计深化,协同商讨适宜技术,优化技术措施,形成健康建筑设计综合性技术方案;进行技术适宜性和成本的比较研究与实时评价,进一步明确健康建筑设计方向,整合集成各专业成果,基本形成健康建筑设计的综合性技术解决方案。最后,验证解决方案与设计目标的契合度和技术措施的适宜性,进一步整合、完善健康建筑设计技术方案,完成健康建筑设计专篇。

施工图设计阶段。首先,根据初步设计批复意见,进行相应评估与调整,再次确认健康建筑设计目标,以及健康建筑施工图设计条件,汇总健康建筑设计技术措施,根据设计目标,各专业协同商讨健康建筑问题,界定健康建筑设计任务。其次,各专业相互配合,将健康建筑设计技术措施具体化,循环互提条件,逐一解决设计问题,整合集成各专业设计,落实达到具体设计目标的技术措施及相关技术参数。最后,验证健康建筑设计内容与设计目标的契合度和技术的适宜性,再次整合、完善健康建筑设计技术措施,完成健康建筑设计专篇。

5 规划设计

5.1 规划布局

5.1.1 我国《城乡规划法》中第二条明确:"本法所称城乡规划,包括城镇体系规划、城市规划、镇规划、乡规划和村庄规划";第四十二条规定:"城乡规划主管部门不得在城乡规划确定的建设用地范围以外作出规划许可"。因此,任何建设项目的选址必须符合所在地城乡规划。根据项目所在地的特征,对建筑布局进行设计,充分考虑不同的气候特征对建筑健康性能带来的影响,扬长避短,并应在建筑设计中融入地方文化特色,帮助延续地方生活方式,以增加使用者对建筑的接受程度和归属感,从设计健康、设施健康、文化健康、心理健康等多方面综合打造健康建筑。

5.1.2 本条对应《河南省健康建筑评价标准》T/HNKCSJ 002—2022 第 6.1.4 条。

有日照需求的建筑,其日照标准应符合现行国家标准《城市居住区规划设计标准》GB 50180 的规定,建筑的布局与设计应充分考虑上述技术要求,最大限度地为建筑提供良好的日照条件,满足相应标准对日照的控制要求并做出合理优化。

5.1.3 本条对应《河南省健康建筑评价标准》T/HNKCSJ 002—2022 第 7.1.1 条、第 7.1.2 条、第 7.2.1 条、第 7.2.2 条。

场地内设置健身运动场地,为居民的运动需求提供空间。健身场地主要指配置有健身设施,供人们健身和休闲活动的区域。

1 室外健身场地应为相对独立的区域,无障碍设施完善。为避免场地过小或过于分散,每一处健身场地的面积不应小于 60 m²,宜在此基础上适当增加室外健身场地面积。

室外健身场地可以用来放置健身器材,也可以进行太极、舞剑、拳术、舞蹈等活动。包含老年人户外活动场地、儿童游乐场地、多功能活动场地等，可以结合中心绿地布置，并应提供休憩设施和安全防护措施。室外健身场地应避免噪声扰民，并根据运动类型设置适当的隔声措施。室内健身场地结合建筑内的公共空间，如小区会所、入口大堂、休闲平台、茶水间、共享空间等进行设置。除放置健身器材的室内外场地外，还包括羽毛球场地、篮球场地、乒乓球室、瑜伽练习室、游泳馆等空间。

2 不同类型的室外健身场地可以为使用者提供更多的运动机会，带来更多的健康效益。场地内的健身器材应数量充足、种类丰富，为不同人群提供选择。常见的健身器材有提高心肺功能的跑步机、椭圆机、划船器、健身车等，促进肌肉强化的组合器械、举重床、全蹲架、上拉栏等。关于健身器材数量的计算，可按通常运动人数及相对场地大小折算，如：乒乓球折算为 2 台健身设施，羽毛球场、网球场折算为 4 台健身设施，篮球场、小足球场、门球场折算为 10 台健身设施。健身广场不折算器材数量。关于建筑总人数计算，应考虑实际共享该器材的人数，如：①商店、影剧院、客运站等类型建筑，只计入长期工作或生活人员的数量，无须计算流动人员数量。②宾馆、酒店类、养老建筑，应按照工作人员数量+床位数计算建筑总人数。③公园类建筑，应按照项目的实际使用需求，合理考虑公园设计人流量计算总人数。

3 球类活动能有效锻炼手眼协调能力、反应能力、判断能力，提升团队合作精神，普及程度高、接受度高、器材易得，是最受欢迎的健身方式之一。室外健身可以促进人们更多地接触自然，提高对环境的适应能力，也有益于心理健康，对保障人体健康具有重要意义。参考国家标准《城市居住区规划设计标准》GB 50180 中的规定——在 15 min 生活健身圈内设置体育场、全民健身中心或大型多功能运动场地，在 10 min 和 5 min 生活健身圈内分别建设中型和小型多功能运动场地。本标准要求在 1000 m 服务半径内有篮球、网球、门球、乒乓球、羽毛球、足球场等室外中型球类场地。

5.1.4 本条对应《河南省健康建筑评价标准》T/HNKCSJ 002—2022 第 7.2.3 条、第 7.2.4 条。

1 现行国家标准《城市居住区规划设计标准》GB 50180 中要求,在标准的建筑日照阴影线范围之外的绿地面积不应小于 1/3,其中应设置老年人活动场地、儿童活动场地。集中绿地应设置供幼儿、老年人在家门口日常户外活动的场地,新区建设不应低于 0.50 m²/人,旧区改建不应低于 0.35 m²/人,宽度不应小于 8 m,以保证居民能有足够的空间进行户外活动;居住街坊集中绿地的设置应满足不少于 1/3 的绿地面积在标准的建筑日照阴影线(即日照标准的等时线)范围之外的要求,以利于为老年人及儿童提供更加理想的游憩及游戏活动场所。

2 为满足公共建筑使用者短期看护儿童的需求,且其需求量相对居住建筑稍低,控制人均不小于 0.8 m²。儿童数量的确定可参考国家统计局发布的地区出生率指标或结合建筑具体使用功能、设计人数及当地人数设计相关规定进行合理计算。

5.1.5 本条对应《河南省健康建筑评价标准》T/HNKCSJ 002—2022 第 8.1.5 条、第 8.2.1 条。

1 交流是人们对于正常社会交往关系的基本需求,友好和谐的人际关系可以极大地促进人们的心理健康,缓解压力,形成积极的社会氛围。健康建筑应为使用者的交流需求提供舒适的空间场地,应提供使用者交谈、休憩、集体活动的公共空间。交流场地的设计应兼顾公共性和私密性,提供多元化的空间供使用者选择,增加空间的使用效率。

2 随着人们对健康的重视程度不断提高,参与户外活动的比例将进一步提高,各类建筑均应设置室外交流场地,当建筑设有架空层、屋顶花园时,应充分利用此类空间,打造丰富多变的公共空间,为使用者提供休息及交流的人文场地。

3 交流场地应提供充足的座椅,为使用者提供舒适的交流环境,增加场地的使用意愿和停留时间。

5.2 交通设计

5.2.1 本条对应《河南省健康建筑评价标准》T/HNKCSJ 002—2022 第 7.2.6 条。

场地内部交通应与周边交通网络合理衔接,提倡公共交通出行方式,积极响应绿色低碳的发展趋势,同时提供日常锻炼的机会,有助于形成健康的生活方式。合理的步行距离和公交线路数量可以增加人们选择公共交通出行的概率。场地出入口到公交站点的步行距离指沿步行路线(如人行道、斑马线、过街天桥等)计算的距离。

5.2.2 场地内交通组织应遵循"步行友好"的原则。人行通道设计应满足现行国家标准《无障碍设计规范》GB 50763 的要求配置无障碍设施。通过无障碍设计,营造一个切实保障各类人群安全、方便、舒适的现代化生活环境。建筑场地的无障碍步行道应连续铺设,不同材质的无障碍步行道交接处应避免产生高差,所有存在高差的地方均应设置坡道,并应与建筑场地外无障碍系统连贯连接。条件具备时,宜采取人车分流的措施将行人和机动车完全分离开,互不干扰,可避免人车争路的情况,充分保障行人尤其是老人和儿童的安全。提供完善的人行道路网络可鼓励公众步行,也是建立"以行人为本的城市"的先决条件。

5.2.3 本条对应《河南省健康建筑评价标准》T/HNKCSJ 002—2022 第 7.1.3 条、第 7.2.5 条、第 7.2.6 条。

健身走和慢跑是日常最简单的健身休闲方式之一,受众面广,可以有效提高身体素质,增强体魄,控制体重,预防各类慢性疾病,同时还能缓解压力,实现身心共同健康的目的。提供健身步行和慢跑空间可以增加使用者的健身意愿,保障健身安全与舒适,有助于形成良好的生活习惯。独立连续的步行系统不仅可以进一步提升绿色出行的便捷性,也可以显著提高运动健身的安全性。

鼓励建筑场地根据其自身的条件和特点,规划出流畅且连贯的步道,步道宽度不应低于 1.25 m,建议大于 1.5 m,以提供更加舒适的空间感受,长度不应小于用地红线周长的 1/4 且不应小于100 m,健康建筑宜在此基础上增加健身步道长度。并优化沿途人工景观,合理布置配套设施,在建筑场地中营造一个便捷的健身环境。建议步道设置明显的人行标识,可保证日常健身步行的通畅和安全,不要求必须是专用健身步道。

5.2.4 本条对应《河南省健康建筑评价标准》T/HNKCSJ 002—2022 第 7.2.6 条。

自行车作为一种绿色交通工具,拥有方便、清洁、低碳、环保、低成本等优势。使用自行车出行,可以运动到全身各处不同的肌肉,从而增强身体的心肺功能,是一种非常有效的物理锻炼方式。

本条为自行车的出行方式提供便捷设施和条件,鼓励建筑使用者多采用自行车出行。自行车的停车数量需满足当地政府部门的配建要求,同时不低于总人数的 10%。存自行车处可设置于地下或地面,其位置宜结合建筑出入口布置,方便使用,有条件的情况下安排在地面的自行车停车位不宜小于总车位数的 50%,设置在室外时应有遮阳防雨设施。电动自行车充电设施、维护设备可由建筑使用者自由取用,对电动自行车进行打气或简单的修补,也可统一管理并提供有偿修理服务。项目应结合实际情况,配置电动自行车停车位并符合电动自行车停车使用安全方面的有关管理规定。

连续独立的自行车道、步行系统不仅可以进一步提升绿色出行的便捷性,对安全性的提升效果也显著。

5.3 场地环境

5.3.1 本条对应《河南省健康建筑评价标准》T/HNKCSJ 002－2022 第 6.1.4 条。

1 玻璃幕墙有害反射光是光污染的一种形式,其产生的眩光会让人感到不舒服。一般玻璃幕墙可见光反射比不应大于 0.3,对于城市快速路、主干路、立交桥、高架桥两侧的建筑物 20 m 以下、一般路段 10 m 以下及 T 形路口正对直线路段处的玻璃幕墙可见光反射比不应大于 0.16。当玻璃幕墙周边存在居住建筑、医院、中小学校及幼儿园时,应进行反射光影响分析,其反射光照射在周边居住建筑、医院、中小学和幼儿园建筑窗台面,在与水平面夹角 0°~45°的范围内的连续滞留时间不应超过 30 min。玻璃幕墙有害反射光对驾驶员造成影响时,会使人降低对灯光信号等重要信息的辨识力,甚至带来道路安全隐患。公共建筑在主干道路口和交通流量大的区域设置玻璃幕墙时,玻璃幕墙在驾驶员前进方向垂直角 20°,水平角±30°内,行车距离 100 m 内,不应对机动车驾驶员造成连续有害反射光。当居住建筑的周边建筑采用玻璃幕墙及类似材质时,应对太阳直射光的镜面反射进行分析。光污染控制对策包括降低建筑物表面(玻璃和其他材料、涂料)的可见光反射比,合理选择照明器具,采取防止溢光措施等。

2 计算机模拟计算可以通过严格建模,精确计算场地光环境情况,可通过软件对场地的光环境进行计算分析,根据合理的计算结果辅助优化场地光环境设计。

5.3.2 本条对应《河南省健康建筑评价标准》T/HNKCSJ 002－2022 第 6.2.1 条、第 6.2.5 条。

了解项目用地的环境噪声现状是进行建筑噪声控制全部工作的基础。针对不同的噪声源,我国现行国家标准规定了不同的排放限值及测量方法,主要包括:《声环境质量标准》GB 3096、《工业企业厂界环境噪声排放标准》GB 12348、《建筑施工场界环境噪声排放标准》GB 12523、《社会生活环境噪声排放标准》GB 22337 等。

对场地外噪声源采取针对性的降噪措施,能提升场地整体声环境。常见的场地噪声降噪措施包括设置声屏障等被动降噪措施,也可以通过建筑布局优化,改变朝向、房间布局和窗口位置等措施进行主动应对。对于项目建成后可能新增的噪声源,在设计阶段就应该考虑有效的降噪措施。

5.3.3 室外风环境对居民的身体健康和生活具有重要的影响,良好的室外风环境可减少空气污染物聚集,保障居民健康,还可以增加室外活动的舒适性。室外风环境可通过调整建筑布局、设置架空层、增大围墙通风面积率及采用数值模拟的方法辅助优化设计等手段,同时还应避开冬季不利风向,减少气流对区域微环境和建筑本身的不利影响。

1 建筑布局宜采用行列式、自由式或采用有规律的"高低错落",有利于自然风进入小区深处,建筑前后形成压差,促进建筑自然通风。

2 由于建筑布局不仅会产生二次风,还会严重阻碍风的流动,在某些区域形成无风区或涡旋区,这对于室外散热和污染物排放是非常不利的,应尽量避免。

3 密实围墙对底层的自然通风影响较大,还会影响视觉观瞻问题。本条文参考《城市居住区热环境设计标准》JGJ 286,建议围墙的可通风面积率宜大于 40%。

5.3.4 随着人们生活水平的提高,人们在室外活动的时间及对空间的需求日益增加,热舒适成为影响居民健康、出行及工作效率的重要因素,尤其近年来高温热浪事件频发,城市热岛效应与年俱增,室外热舒适问题逐渐受到关注。本条文中通过规定建筑布局形式、室外遮阳覆盖率、透水路面比率、水景设施及热岛强度阈值来改善室外热环境。

1 建筑布局的不合理会直接影响小区的散热,加剧热岛效应。为了保证居住区具备基本的散热能力,有必要对影响居住区通风条件的建筑物规划布局设计做出相应规定,建筑布局应营造良好的热环境,保证室外活动空间的热安全和舒适性。

2 确保居住区户外活动场地和行人道路地面具有雨水渗透能力,是硬化地面被动降温、提高居民户外活动场地环境舒适性的有效措施。本款引用现行国家行业标准《城市居住区热环境设计标准》JGJ 286 的有关规定,同时考虑到既有城市居住区受到诸多条件的限制,建议各气候区各类地面的渗透面积比率,广场不宜低于 40%,游憩场和人行道不宜低于 50%,停车场不宜低于 60%。

3 利用室外水景工程蓄水的蒸发散热可以改善居住区室外热环境。为保证有足够的水体容纳吸收热量,不至于造成水景表面温度升高太大,水深应不小于 300 mm,累计水域面积不足 50 m² 者可将其纳入绿地面积而不需进行单独计算。

4 热岛强度在一年中冬季最强、夏季最弱,春秋季居中,其中夏季热岛对环境、能源和居民生活影响较大。本条文参考现行国家标准《绿色建筑评价标准》GB/T 50378、国家行业标准《城市居住区热环境设计标准》JGJ 286,采用夏季典型日的室外平均热岛强度(居住区室外气温与郊区气温的差值,即 8:00—18:00 的气温差别平均值)作为评价指标,并取平均热岛强度 1.5 ℃作为既有城市居住区热环境更新设计的限值。

5.3.5 本条对应《河南省健康建筑评价标准》T/HNKCSJ 002—2022 第 10.2.2 条。

随着人们对环境需求层次的提高,美化城市景观、改善城市生态、积极推进城市绿地系统建设,已经成为当前城市可持续发展战略的重要内容。公共绿地不仅可以改善城市生态环境、调节小气候,还可以满足人们的精神文化需求。

社区农园是由一群人共同种植的一片土地,可用于种植果树或花卉,可位于居住区、商业区、学校、单位附属绿地、医院等。小型农场应有足够的面积,发动更多的人参与,有良好的组织、管理和维护保养,生长状况良好,持续良性运转。因此,本条文参考《绿色建筑评价标准》GB/T 50378,建议结合景观设置社区农场并运转正常,面积大于或等于总面积的 0.5%且不小于 200 m²。

5.3.6 本条对应《河南省健康建筑评价标准》T/HNKCSJ 002—2022 第 5.2.12 条、第 9.1.3 条。

1 生活垃圾有机物的腐烂分解,在垃圾收集、运输装卸和堆放过程中不可避免地会散发出带恶臭的气体。垃圾产生的恶臭物质种类复杂多样,主要成分为氨(NH_3)和硫化氢(H_2S),可对中枢神经系统、呼吸系统、心肌产生损害。此外,其中的硫醇类、甲基硫、三甲胺、甲醛、苯乙烯、酪酸、酚类等也对健康存在较大危害。垃圾容器应采用密闭分类垃圾收集装置。垃圾站(间)应隐蔽、密闭,确保垃圾不外漏,且有排风设施及冲洗、排水设施,保证站房的清洁卫生。为避免串风,垃圾站(间)应设置独立的排风系统。垃圾站(间)应设置垃圾压缩机,将垃圾压缩后安全转运。垃圾站(间)设于下风向,以防止垃圾臭味污染空气。垃圾清运流线宜避开人行区域,合理高效。对有害垃圾应单独收集、单独运输、单独处理。

2 烹调油烟是广泛存在于家庭和饮食业的污染物,包括颗粒物污染(PM_{10}、$PM_{2.5}$等)和气态污染(VOCs、PAHs 等)。饭店、餐厅、食堂等公共餐饮类建筑厨房排烟及住宅油烟排放应经过净化处理后排放,且符合国家标准《饮食业油烟排放标准》GB 18483 中的规定。公共餐饮建筑应采用活性炭等净化手段,对油烟排放进行处理,保证排烟无明显异味。

5.4 全龄友好

5.4.1 本条对应《河南省健康建筑评价标准》T/HNKCSJ 002—2022 第 7.2.3 条。

儿童游乐场地应结合本地气候情况,室内与室外组合设计:一方面,日照充足的室外游乐场地可以提高在此玩耍的儿童的免疫系统,增加其体育活动,激发其想象力和创造力,使其获得知识和经验,促进他们的新陈代谢和钙质吸收。另一方面,室内活动室可以在天气恶劣、空气质量不好的情况下,给儿童提供一个娱乐活动的空间。

1 随着我国生育政策的变化,公共建筑同样存在短期儿童看护的需求,考虑到其需求量相对住宅等类型建筑较低,因此本款额外规定了人均不低于 0.8 m² 的要求。儿童数量的确定可参考国家统计局发布的地区出生率指标或结合建筑具体使用功能、设计人数及当地人数设计相关规定进行合理计算。

2 儿童游乐区应设置丰富的娱乐设施,配置儿童游戏组合器材等多种多样的游戏设施,采用弹性软性铺装材料以提高安全保障。所有游戏设施无"S"形钩、尖锐边缘或突出螺栓等危险硬件,棱角部位均为圆角,设施下采用保护性地面并设有安全性标识。

3 其他场地指成年人使用的运动健身场地、交流场地、老年人活动场地等。儿童游乐场地宜设有一定的遮风、避雨、遮阳设施,如乔木、亭子、廊子、花架、雨棚等,以提高活动场地的舒适度、安全性和利用率。

4 为儿童在玩耍过后提供及时清洁的条件,有效避免细菌、病毒对儿童的伤害,公共卫生间或洗手点距离儿童游乐区的步行距离不超过 200 m。

5.4.2 本条对应《河南省健康建筑评价标准》T/HNKCSJ 002—2022 第 7.2.4 条。

老年人需要安全舒适的室外活动区进行体育锻炼,经常锻炼可以提高心肺功能,延缓骨质疏松,延缓大脑衰退,提高免疫力,有助于老年人延年益寿。同时,在锻炼中的交往与交流,也有利于减少老年人的孤独感,使老年人保持心理健康。

1 针对老年人的休闲健身场所需配置供老人使用的座椅,座椅等休憩设施应布置在日照条件良好、避风的位置。

2 配置中低强度的健身器材,如适合老年人的腰背按摩器、太极推揉器、肩背拉力器、扭腰器、太空漫步机、腿部按摩器等。还可设置阅报栏、紧急呼叫按钮等设施。

3 老年人的身体活动的能力往往受到局限,场地应保证完善的无障碍设施以便于行动不便的老年人也能安全地使用。

5.4.3 本条对应《河南省健康建筑评价标准》T/HNKCSJ 002—2022 第8.1.3 条、第5.2.11 条。

场地与建筑的无障碍设计,是为残疾人、老年人和其他社会成员提供方便的重要措施,是现代城市建设的一项必不可少的内容,是社会进步的重要标志,应按现行国家标准《无障碍设计规范》GB 50763、《建筑与市政工程无障碍通用规范》GB 55019 的要求配置无障碍设施。健康建筑的室内外空间环境应充分考虑不同身体状况使用者的需求,配备能够应答、满足这些需求的服务功能与装置,营造一个健康的、充满爱与关怀、切实保障人类安全、方便、舒适的现代生活环境。

无障碍系统应完整连贯,保持连续性。如建筑场地的无障碍步行道应连续铺设,不同材质的无障碍步行道交接处应避免产生高差,所有存在高差的地方均应设置坡道,并应与建筑场地外无障碍系统连贯连接。

5.4.4 本条对应《河南省健康建筑评价标准》T/HNKCSJ 002—2022 第8.2.12 条。

1 医疗服务点或社区医疗中心应设置在使用者可以快速到

达的位置,从建筑出入口步行距离一般不宜超过 500 m。本款所指的医疗服务点包含内外科、急救等医疗功能及血糖检测、体脂检测、吸氧等健康服务。这里采用了距离而不是时间(比如 7 min)是因为不同年龄或不同身体状态的人的步行速度不同。医疗服务点或社区医疗中心应与住宅等建筑分开设置,避免由于医用垃圾引发的流行性疾病传播。

2 医疗服务点或社区医疗中心应设置基本医学救援设施和医疗急救绿色通道,可确保在突发卫生类事件的情况下,能迅速、高效、有序地组织医疗卫生救援工作,提高各类突发事件的应急反应能力和医疗卫生救援水平,最大程度地减少人员伤亡和健康危害,以保障使用者的身体健康和生命安全。若医疗绿色通道与消防等其他应急通道共用设计,则其路面宽度及流线设计应充分考虑突发事件发生时可能存在的错车、掉头等紧急需求。同时,也能够在突发卫生类事件的第一时间内及时、准确传达相关信息,避免发生恐慌性事件。

3 在老年人经常活动的区域及高度适宜的地方设置紧急求助呼救系统,可以降低因为急救延误造成死亡或严重病残的概率。紧急呼救装置主要有主动、被动两种触发方式。主动触发通过呼救按钮、语音识别装置来实现,而被动触发主要根据个人体征信息、运动轨迹、体位和实时视频监控信息,针对跌倒、休克、呼吸停止、心脏搏停等突发危险事件进行紧急呼救。急救信息通过紧急呼救装置传至急救车辆、急救机构、建筑专项管理部门或亲属,从而实现及时求助。对于居住建筑,卫生间、卧室等房间是老年人发生健康风险较高的地方,在卫生间和老年人卧室的适当位置需要设有紧急求助呼救系统。若采用按钮形式紧急呼救,则卫生间的按钮距离马桶的竖向轴线距离不宜大于 50 cm,卧室紧急呼救装置距离床边的距离不宜大于 30 cm。对于公共建筑,依据建筑类型特点,在适宜的场所、地点设置紧急求助呼救系统,并做好相应的指示标识,如私密性较高、使用人员较少的卫生间。

5.4.5 本条对应《河南省健康建筑评价标准》T/HNKCSJ 002—2022 第 7.2.6 条、第 8.2.1 条。

1 为倡导绿色生活、低碳出行的生活习惯,应积极为自行车提供适宜使用的环境,吸引和引导使用者选择自行车出行,环保低碳的同时可以起到强身健体的目的。自行车的停车数量需满足当地政府部门的配建要求,同时≥人数的10%。存自行车处可设置于地下或地面,其位置宜结合建筑出入口布置,方便使用,有条件的情况下安排在地面的自行车停车位不宜小于总车位数的50%,设置在室外时应有遮阳防雨设施。建议配备自行车维护设备。电动自行车停车位及充电设施应严格按电动自行车停车使用安全方面的有关管理规定设置,并且不应设置在健身设施和儿童、老年人活动场地附近。

2 交流场地除应有足够的面积外,座椅的缺乏是室外活动场地的常见问题,因此此款提出应提供适当数量便于休息的座椅,以便为人们提供舒适的交流环境,满足各类人群的需求。

3 交流场地宜设置一定的遮阳、避雨设施(如乔木、亭、廊、花架等),可有效提高活动场地的使用率和舒适度。交流场地遮阴面积比例的计算方式为:用乔木或构筑物的正投影面积除以交流场地面积。

4 交流场地附近应设置直饮水设施,便于人员能随时补充水分。直饮水设施可以是集中式直饮水系统,也可以是分散式直饮水设施,但不包含放置家用暖水瓶,应是相对固定的设施,如饮水台、饮水机等。距离场地100 m是直线距离,即场地的100 m半径内设有直饮水设施即可。

5 在交流场地附近适宜范围内设置公共卫生间,为使用者提供便捷,不仅可以服务建筑常驻使用者,还宜对社会公众开放,服务于周边路人。

6 建筑设计

6.1 建筑布局

6.1.1 本条对应《河南省健康建筑评价标准》T/HNKCSJ 002—2022 第8.1.2条。

建筑设计应在满足建筑功能要求的基础上,做到布局紧凑、动线清晰,功能空间应安排合理、使用方便,交通空间应简洁顺畅、便于安全疏散。功能空间及交通空间都应尽量做到自然采光和自然通风,既减少建筑能耗,又为使用者带来健康安全舒适的使用感受;主要功能房间设计还应充分考虑与室外景观环境结合,形成良好户外视野,可以有效缓解工作生活压力,创造轻松愉悦的室内环境。

6.1.2 本条对应《河南省健康建筑评价标准》T/HNKCSJ 002—2022 第9.2.7条。

建筑出入口设置与园区内部交通或城市道路衔接非常重要,出入口位置、朝向、数量、间距、宽度、通行能力及服务水平直接影响建筑使用。建筑出入口最基本要求是明显易识别,通过建筑造型设计形成明显的标识性;建筑主要出入口宜采用自动感应门、旋转门及双层门斗,有助于降低空调季室内冷热损失,提升室内热环境,特别是建筑出入口附近区域的热舒适水平;同时门把手还是间接接触频率较高的地方,是疾病传播的重要区域,本条要求设置自动感应门,还可降低间接接触的概率。

6.1.3 本条对应《河南省健康建筑评价标准》T/HNKCSJ 002—2022 第8.2.2条。

公共建筑入口大堂应宽敞明亮,设置问询台、咖啡吧、沙发椅等设施,或根据需要设置必要的展示陈列空间,为人们的交流等候提供舒适且必要的设施及环境,问询台设置还应考虑无障碍设计要求。此外,公共建筑入口大堂还应有放置雨伞的设施,或者提供雨伞袋的设施,可以避免雨伞滴水污染地板,有利于保持整洁的室内环境;居住建筑单元出入口应布局紧凑合理,设置必要的公共交往空间及服务设施,既可满足住户交往需求,又能解决居民收受信件与快递及暂时等候等功能需求。

6.1.4 本条对应《河南省健康建筑评价标准》T/HNKCSJ 002—2022 第 7.2.8 条。

楼梯间设置应满足防火疏散要求,并应尽量靠近建筑主要出入口,且位置明显,引导标识明确,便于疏散及日常使用,楼梯间尽量靠外墙设置,实现天然采光和自然通风,并能获得良好视野,提升楼梯间使用的舒适度。久坐伏案的上班族可以走楼梯,既可以减少电梯拥挤及聚集,又可以达到锻炼身体的目的。

6.1.5 本条对应《河南省健康建筑评价标准》T/HNKCSJ 002—2022 第 8.1.2 条。

建筑室内布局应做到公共空间与私有空间分区明确,公共交通空间、楼电梯间、公共卫生间及公共交流区等应集中布置并与私有空间相对隔离,包括视线隔离和声线隔离,避免噪声干扰给使用者带来负面的情绪体验,也可实现动静分离,提高工作和生活环境质量。

同时,在建筑空间和内部动线设计上,还应考虑清洁空间与污物空间的分离,设置封闭且独立的污物流线,防止气味与疫病传播。例如,公共建筑中的卫生间气味干扰的问题,即使设置了满足排风需求的排风系统,也难以保障臭味完全不逸散,因此卫生间门不应直接开向走廊、大厅等公共空间,应通过设置前厅等缓冲区域,防止气味对公共空间造成干扰,同时男、女卫生间门应采用可自动启闭门;保洁员休息室与卫生间也应注意空间、气味上的隔离设计,保障保洁人员的身体健康;此外,垃圾清运通道、垃圾清运电梯、垃圾箱摆放区域等也应重点关注洁污分区问题,最大限度降低垃圾携带病毒、腐味对人员造成的干扰。

6.1.6 本条对应《河南省健康建筑评价标准》T/HNKCSJ 002—2022 第7.2.8条。

健身运动成为人们增强体质、提升生活品质的一种新的生活方式,而散步被世界卫生组织认定是最佳的健身方式之一。办公族经常利用午休或办公间隙去户外散步,接受阳光照射,然而遇到雨、雪、大风等不利于户外活动的恶劣天气时,在建筑中结合公共区域为使用者提供室内步行系统,打造舒适的室内步行空间显得尤为重要,同时也有助于引导人们主动锻炼,提高运动健身意识。但应注意的是,本条要求的合理设置室内步行系统,旨在为建筑使用者提供更为便捷的健身途径,设计时应注意不能徒增建筑使用者在使用过程中的不便。

6.1.7 本条对应《河南省健康建筑评价标准》T/HNKCSJ 002—2022 第9.1.4条。

保障食品安全是健康建筑设计的重要内容之一,随着人们消费理念和消费需求的改变,很多大型公共场所成为集吃、喝、玩、购物于一体的建筑综合体,餐饮区的位置在建筑布局中尤为重要。在建筑综合体设计中,餐饮区一般布置在建筑首层或地下一层,方便引客及货物运输,或者在建筑顶层,便于排烟及通风。餐饮区设计要充分考虑人流、货流及污物流线,以降低发生交叉污染的风险。

餐饮厨房区通常可划分为清洁作业区、准清洁作业区和一般作业区,在各类作业区之间,应做明显的划分,并设置分离或分隔措施。其设计布局应综合考虑从原材料采购至成品销售整个过程,以及人流、物流、气流等因素,并兼顾工艺、经济、安全等原则,满足食品卫生操作要求,防止产品受污染的风险。

餐饮厨房区、食品销售场所在运营阶段应满足环保要求,油烟及废水应处理达标后排放,同时还应建立虫害控制程序并定期开展除虫灭害工作,避免昆虫、鼠类等动物接触食品,引起各类病害传播。

6.2 功能空间及设施要求

6.2.1 本条对应《河南省健康建筑评价标准》T/HNKCSJ 002—2022 第 7.2.7 条。

1 良好的室内健身空间环境可以给健身人员带来身心愉悦的美好感受,室内健身空间宜具有天然采光和自然通风条件。有氧运动是指人在氧气充分供应的条件下的一种体育锻炼方式,所以建筑通风量需满足房间运动人数使用需求,如不满足,需采用机械通风装置补充所需的通风量。

2、3 室内健身空间面积是满足公共健身需求的保证,同时为落实国家倡导的全民健身思想,鼓励设置一定的免费公共健身区域。室内健身空间包括游泳馆、篮球馆、羽毛球馆等各类健身空间形式,如不具备独立设置条件,也可以利用建筑的公共空间设置健身区。

6.2.2 本条对应《河南省健康建筑评价标准》T/HNKCSJ 002—2022 第 7.2.9 条。

为满足健身人员淋浴需求、提升健身舒适度,宜按本条要求设置供健身人员使用的公共卫生间、淋浴间及更衣室。

6.2.3 本条对应《河南省健康建筑评价标准》T/HNKCSJ 002—2022 第 7.2.10 条。

公共建筑内设置的私有健身空间可以结合工作场地灵活设

置,方便员工结合零散时间就近运动,但设计时也要注意动静分开,相对独立,以免影响工作;对于居住建筑,户内健身空间除面积要求外,还应考虑隔声、收纳、灯光及通风等措施。

6.2.4 本条对应《河南省健康建筑评价标准》T/HNKCSJ 002—2022 第 8.1.5 条、第 8.2.2 条。

公共建筑内的交流空间设计非常重要,它可以看作是办公空间的延伸和补充,在轻松的环境下既可以谈工作,也可以谈生活、谈美食、谈旅行等。交流空间的设计可以结合中庭、大堂、咖啡吧、加宽的走廊等交通空间或过渡空间设置,同时适当配备色彩明快的休闲座椅、座凳甚至座垫等,既可以丰富建筑空间,还可以提高建筑空间的使用效率;对于居住建筑,可结合健身空间、棋牌室、书法室等室内活动空间设置,以满足人们的沟通与休闲需求,活跃文化生活,打造充满活力和友好的人文环境。

6.2.5 本条对应《河南省健康建筑评价标准》T/HNKCSJ 002—2022 第 8.2.3 条。

设置文化活动空间的目的是丰富使用者的业余生活,加强使用者之间的交流与沟通,缓解工作压力,促进使用者的身心健康,提升生活品质。文化活动空间设计在功能上应以功能多样、分区合理、综合利用为原则,根据使用者的喜好和需求设置,文化活动空间包括图书阅览室、休闲娱乐室、文化展厅等。公共建筑内的图书阅览室设计宜紧邻办公空间或与办公空间兼容,便于使用;休闲娱乐室设计应满足下棋、书法、作画、吟诗、品茶等多种活动的需求。居住社区中设置图书室、舞蹈室、棋牌室等,其服务半径不应大于 500 m。

6.2.6 本条对应《河南省健康建筑评价标准》T/HNKCSJ 002—2022 第 8.2.6 条。

随着现代社会的不断进步与快速发展,快节奏的工作状态给人们身心健康带来很多不良影响,为缓解工作焦虑和生活压力,公共建筑中宜设置健康管理中心,包括医务室、冥想室、音疗室及心理咨询室等,既可以为人们提供基本的医疗应急处置,也可以为人们提供主动参与情绪调节和心理减压空间,起到消除或缓解不良情绪,达到心理放松和减压的作用。医务室应根据使用需求配置相应服务用房;冥想室、心理咨询室等根据建筑用户的需求合理设置,无特殊设计要求;音疗室、宣泄室应进行隔声设计,并避免与需保持安静的房间相邻。

6.2.7 本条对应《河南省健康建筑评价标准》T/HNKCSJ 002—2022 第 8.2.9 条。

1 设置公共食堂并提供方便、快捷、经济、卫生的餐饮服务,可以有效解决工作生活的后顾之忧。公共食堂设计需符合以下要求:①覆盖所有服务建筑的半径不大于 500 m;②可提供餐食数量应根据计算边界内建筑总人数进行设计;③提供与人流数量相匹配的桌椅设备。公共建筑内的食堂位置应与公共区域适当隔离,以减少对公共空间的影响。居住小区公共食堂可与社区服务中心、托老所等结合设计。

2 公共建筑内应每层或分区域集中布置公共卫生间、茶水间及保洁员休息室。茶水间设置可以为员工提供上班时间短暂休息或茶歇的场所,并预留上下水管道及电插座以设置冰箱、饮水机、洗涤槽等设施,并根据人体工学要求配备必要的操作台。公共卫生间内应配备婴儿护理台及无障碍厕位,并提供热水洗手;对于独立设置的母婴室设计参考国家建筑标准设计图集《公用建筑卫生间》16J914—1,同时配置冰箱、微波炉、饮水机等设备,方便哺乳幼儿的女性使用,在有条件的情况下还可设置独立无障碍卫生间。

3 考虑到我国逐步迈入老龄化社会,本款要求社区内宜设置老年人日间照料场所,提供膳食供应、个人照顾、保健康复、休闲娱乐、精神慰藉、紧急援助等日间服务的内容,对所有六十岁以上老年人开放,重点服务高龄老人、空巢老人、残疾老人、优抚老人、低保或低收入老人等。儿童临时托管场所的目的是要满足因家长工作加班、临时外出等孩子需要暂时被托管的需求。同时,一些学校和家长单位下班时间的不同步,也导致这种需求越来越迫切。儿童临时托管场所应为不同年龄段的孩子提供适合他们的食物和点心,让孩子离开父母也能体会到在家里的安全舒适。老年人日间照料场所和儿童临时托管场所的服务半径不应大于 500 m。具体建设要求、功能布局等可参照住房和城乡建设部办公厅印发的《完整居住社区建设指南》。

6.2.8 本条对应《河南省健康建筑评价标准》T/HNKCSJ 002—2022 第 6.2.15 条。

本条要求在设计阶段对卫生间的空间布局进行细致的考虑,以保障使用阶段的舒适性。幼儿卫生间可单独设置,也可与无障碍卫生间合并为第三卫生间,或与母婴室合并设置,具体做法可参考国家建筑标准设计图集《公用建筑卫生间》16J914—1;无障碍卫生间应满足现行国家标准《无障碍设计规范》GB 50763;医院患者专用厕所隔间、淋浴间,若项目中有涉及,须满足现行国家标准《民用建筑设计统一标准》GB 50352、国家建筑标准设计图集《医疗建筑 卫生间、淋浴间、洗池》07J902—3 等相关标准、图集的要求。

6.2.9 本条对应《河南省健康建筑评价标准》T/HNKCSJ 002—2022 第 6.2.16 条。

公共建筑中设置茶水间,不是简单地满足饮水功能,更是为使用者提供一个休闲、交流、放松的空间。厨房和茶水间设计可参考国家建筑标准设计图集《住宅厨房》14J913—2。

6.2.10 本条对应《河南省健康建筑评价标准》T/HNKCSJ 002—

2022 第 4.2.7 条。

建筑内存在的有气味、颗粒物、臭氧、热湿等散发源的特殊功能空间，包括卫生间、浴室、设备机房、文印室、清洁用品及化学品存储间等，是室内环境污染的潜在来源。卫生间、浴室等容易产生带气味气体、易滋生霉菌和细菌并存在热湿源，不仅降低建筑使用者的舒适性，而且对人体健康具有一定影响，特别是在疫情卫生事件发生时，具有病菌侵入风险。文印室、清洁用品及化学品存储空间等特殊功能的房间，存在颗粒物、化学污染物扩散的风险，如打印复印设备室是臭氧和颗粒物的来源之地，与呼吸和心肺疾病相关联；清洁及化学存储空间可能释放 VOCs 等化学有害气体，危害健康甚至致癌。

考虑到这些空间的特性，健康建筑要求对此类空间进行隔离，将其对建筑整体室内空气质量的恶劣影响最小化；通过可自动关闭门可降低空间内有害气体及病原微生物向其他空间区域的逸散，对于住宅建筑，要求卫生间、浴室等功能房间安装可关闭的门即可。

6.2.11 本条对应《河南省健康建筑评价标准》T/HNKCSJ 002—2022 第 4.2.3 条。

1 建筑的外门窗是隔断室外空气污染物（如 $PM_{2.5}$、PM_{10}、O_3 等）穿透进入室内的主要屏障，建筑使用过程中人员进出可造成室外大气污染物进入室内，从而影响室内空气品质，其中室外颗粒物污染对室内空气质量及人体健康的影响尤为明显。正常情况下，污染物通过外门缝隙渗入或偶尔开启直接进入室内，渗入空气量的计算方法可参照《供暖通风空调设计手册》中的计算方法；但若外门未能及时关闭，保持敞开状态，空气渗透量及其携带进入的污染物将是正常情况下的几倍甚至几十倍。考虑到室外空气对室内空气品质的影响，健康建筑要求建筑外门应具备自动关闭功能，减少室外污染物向室内的渗入。本款规定建筑外门指建筑室内外交界处(外围护结构表面)的门,如住宅单元门、建筑大门、侧门等。开敞式阳台门不计入建筑外门,保证阳台门可关闭即可。

2、3 国家标准《建筑外门窗气密、水密、抗风压性能分级及检测方法》GB/T 7106 将建筑外门窗气密性划分为 8 个等级,国家标准《建筑幕墙》GB/T 21086 将建筑幕墙气密性划分为 4 个等级。级别越高,空气渗透量越低,随渗透风穿透进入室内的污染物浓度越低。根据行业标准《环境空气质量指数(AQI)技术规定(试行)》HJ 633 规定:空气质量指数划分为 0~50、51~100、101~150、151~200、201~300 和大于 300 六档,对应于空气质量的六个级别,指数越大,级别越高,说明污染越严重,对人体健康的影响也越大。空气质量指数为 100 以下时大气空气质量为优良水平,空气质量可接受,仅对极少数异常敏感人群健康有较弱影响。一年中 85%(约 310 d)以上天数空气质量指数为 100 以下地区,大气污染程度较轻,要求建筑外窗气密性达到国家标准《建筑外门窗气密、水密、抗风压性能分级及检测方法》GB/T 7106 规定的 4 级及以上;对于其他无法达到该环境空气质量水平的地区,大气污染相对严重,从阻隔室外污染物穿透进入室内的角度,需对建筑外窗气密性严格要求,即要求外窗气密性达到国家标准《建筑外门窗气密、水密、抗风压性能分级及检测方法》GB/T 7106 规定的 6 级及以上。建筑幕墙的气密性能统一要求,无论室外空气质量如何,其气密性均要达到国家标准《建筑幕墙》GB/T 21086 规定的 3 级。

6.3 建筑热工

6.3.1 本条对应《河南省健康建筑评价标准》T/HNKCSJ 002—2022 第 6.1.7 条。

本标准表 6.3.1 给出了隔热设计要求,考虑围护结构材料对热稳定性影响很大,以及屋顶的内表面温度比外墙的内表面温度更难控制等原因,分别按自然通风房间和空调房间、重质围护结构和轻质围护结构、外墙和屋顶做不同区分,给出了不同的设计限值。内表面最高温度 $\theta_{i\,\cdot\,max}$ 的计算方法参考现行国家标准《民用建筑热工设计规范》GB 50176 中附录的规定。

6.3.2 本条对应《河南省健康建筑评价标准》T/HNKCSJ 002—2022 第 6.2.12 条。

本条为建筑及其周围微环境优化设计要求。

1 建筑的朝向要求。在设计自然通风的建筑时,应考虑建筑周围微环境条件。某些地区室外通风计算温度较高,因为室温的限制,热压作用就会有所减小。为此,在确定该地区大空间高温建筑的朝向时,应考虑利用夏季最多风向来增加自然通风的风压作用或对建筑形成穿堂风,因此要求建筑的迎风面与最多风向成 $60° \sim 90°$ 角。同时,因春秋季往往时间较长,应充分利用春秋季自然通风。

2 建筑平面布置要求。与错列式、斜列式平面布置形式相比,行列式、周边式平面布置形式等有利于自然通风。

6.3.3 本条对应《河南省健康建筑评价标准》T/HNKCSJ 002—2022 第 6.2.12 条。

建筑设计应优先考虑自然通风等技术来满足室内热湿环境的要求,在建筑设计时应结合热压、风压等条件进行优化分析,优化并增强自然通风,宜对建筑的自然通风潜力进行分析计算。

对建筑设计完成后的室内自然通风参数进行评估,参照现行国家标准《民用建筑室内热湿环境评价标准》GB/T 50785 的非人工冷热源热湿环境要求,以预计适应性平均热感觉指标(APMV)作为评估依据。预计适应性平均热感觉指标(APMV)应按下式计算:

$$APMV = PMV/(1 + \lambda \cdot PMV) \qquad (6.3.3-1)$$

式中　APMV——预计适应性平均热感觉指标；

　　　λ——自适应系数,按表6.3.3取值；

　　　PMV——预计平均热感觉指标,按现行国家标准《民用建
　　　　　　筑室内热湿环境评价标准》GB/T 50785 中的规定
　　　　　　计算,该标准 2012 版中为附录 E。

表 6.3.3　自适应系数

建筑气候区		居住建筑、商店建筑、旅馆建筑及办公室	教育建筑
寒冷地区	PMV≥0	0.24	0.21
	PMV<0	−0.50	−0.29
夏热冬冷地区	PMV≥0	0.21	0.17
	PMV<0	−0.49	−0.28

6.3.4　本条对应《河南省健康建筑评价标准》T/HNKCSJ 002—2022 第6.2.12条。

本条为自然通风房间通风开口的要求。

国家标准《民用建筑设计统一标准》GB 50352 第7.2.2条:生活、工作的房间的通风开口有效面积不应小于该房间地板面积的1/20;厨房的通风开口有效面积不应小于该房间地板面积的1/10,并不得小于 0.60 m²。

6.3.5　本条对应《河南省健康建筑评价标准》T/HNKCSJ 002—2022 第6.2.12条。

所谓风压,是指空气流受到阻挡时动压转化而成的静压。当风吹向建筑时,空气的直线运动受到阻碍而围绕着建筑向上方及两侧偏转,在迎风侧形成正压区,背风侧形成负压区,使整个建筑产生了压力差。如果围护结构的正压区和负压区设置开口,则两

个开口之间就存在空气流动的驱动力。因此,当建筑垂直于主导风向时,其风压通风效果最为显著,我们通常所说的"穿堂风"就是风压通风的典型实例。一般来说,风压作用形成的通风风速较大,技术实现也相对简单。风压作用要求建筑外环境的风资源状况比较好,而且与建筑布局和建筑间距、建筑朝向、建筑进深、窗户面积、开窗的形式及室内的布局等因素有关。

热压通风即通常所说的烟囱效应,其原理为热空气(密度小)上升,从建筑上部风口排出,室外冷空气(密度大)从建筑底部被吸入。当室内气温低于室外气温时,气流方向相反。因此,室内外空气温度差越大,则热压作用越强。

针对不容易实现自然通风的区域(例如,大进深内区、由于别的原因不能保证开窗通风面积满足自然通风要求的区域),应进行自然通风优化设计。

1、3 建筑中采用挑檐、导风墙等可以改变风向,诱导气流进入室内,如图 6.3.5-1、图 6.3.5-2 所示,可有效改善室内自然通风。

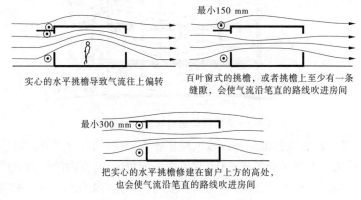

图 6.3.5-1 水平挑檐对室内气流的影响

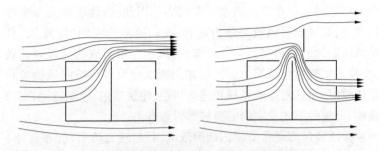

图 6.3.5-2 导风墙的配置对室内气流的影响

拔风井的设置应考虑在自然环境不利时可控制、可关闭的措施。中庭的热压通风,是从中庭底部室外进风,从中庭顶部排出,在冬季中庭应严密封闭,以使白天充分利用温室效应,或采用太阳能烟囱引导室内气流流动,如图6.3.5-3所示。

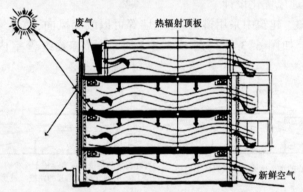

6.3.5-3 太阳能烟囱引导室内气流流动

2 捕风装置是一种自然风捕集装置,其利用对自然风的阻挡在捕风装置迎风面形成正压、背风面形成负压,与室内的压力形成一定的压力梯度,将新鲜空气引入室内,并将室内的浑浊空气抽吸出来,从而加强自然通风换气的能力。为保持捕风系统的通风效果,捕风装置内部用隔板将其分为两个或四个垂直风道,每个风道随外界风向改变轮流充当送风口或排风口。捕风装置可以适用于大部分的气候条件，即使在风速比较小的情况下也可以成功地将大部分经过捕风装置的自然风导入室内。捕风装置一般安装在建筑物的顶部，其通风口位于建筑物上部 2~20 m 的位置。

6.3.6 本条对应《河南省健康建筑评价标准》T/HNKCSJ 002—2022 第 4.2.4 条。

1 围护结构设计阶段除满足《民用建筑热工设计规范》GB 50176 防潮设计要求，也应满足本标准第 6.3.7 条中的结露及霉菌滋生风险评估方法。

2 围护结构受潮会降低材料性能、滋生霉菌，进而影响建筑的美观、正常使用，甚至使用者的健康。在围护结构防潮设计过程中，为控制和防止围护结构的冷凝、结露与泛潮，必须根据围护结构使用功能的热湿特点，针对性地采取防冷凝、防结露与防泛潮等综合措施。除条款中的方法外，也可采用以下方式：①在围护结构的高温侧设隔汽层；②合理设置保温层，防止围护结构内部冷凝；③与室外雨水或土壤接触的围护结构应设置防水（潮）层等。

3 霉菌生长的必要条件有：①霉菌孢子；②氧气；③霉菌生长所需的养分；④适宜霉菌生长的温度；⑤适宜霉菌生长的湿度。根据霉菌生长的必要条件，理论上只要能控制其中任何一项条件就可以有效控制霉菌的滋生，但是霉菌孢子和氧气很难进行有效控制，霉菌生长所需的养分也总是存在的，霉菌生长温度为 0~40 ℃，而墙体内的温度分布往往与室内热舒适条件有关，一般不能通过控制墙体内的温度分布来抑制霉菌的生长，故控制墙体内的湿度是预防和控制霉菌滋生最有效的方法。根据大量实测数据，将室内湿度控制在 60% 以下可以有效预防和控制霉菌滋生。

6.4 隔声降噪

6.4.1 本条对应《河南省健康建筑评价标准》T/HNKCSJ 002—

2022 第 6.1.3 条、第 6.2.3 条。

　　建筑外围护结构的空气声隔声性能设计时,在满足《河南省健康建筑评价标准》T/HNKCSJ 002—2022 中相应条文限值要求的基础上,还应根据外部的环境噪声情况和房间的室外声源传入噪声限值进行设计,以确保房间室内噪声级达标,外部环境噪声传入房间室内的噪声计算见本标准第 6.4.2 条。

　　本条中第 3 款要求计算得到的考虑频谱修正量之后的组合隔声量应比《河南省健康建筑评价标准》T/HNKCSJ 002—2022 规定的室外与噪声敏感房间空气声隔声性能指标高 5 dB 及以上,主要是考虑现场侧向传声的影响、施工质量、安装缝隙等因素影响后的修正量。

6.4.2　本条对应《河南省健康建筑评价标准》T/HNKCSJ 002—2022 第 6.1.1 条。

　　在强制性工程建设规范《建筑环境通用规范》GB 55016 中,将室内噪声级依据来源不同分为室外声源传入噪声与建筑内部设备噪声,并规定了不同的噪声限值。本条主要规定了根据室外噪声源预测值和建筑外围护结构各类构件的隔声性能计算得到室外声源传入噪声的方法。

6.4.3　本条对应《河南省健康建筑评价标准》T/HNKCSJ 002—2022 第 6.1.3 条、第 6.2.3 条。

　　本条主要针对住宅建筑分户墙与分户楼板的空气声隔声性能提出的设计要求。住宅建筑由于有睡眠需求和户间私密性的更高需求,因此在《河南省健康建筑评价标准》T/HNKCSJ 002—2022 中,对住宅建筑卧室与相邻房间之间的空气声隔声性能提出了更高的要求。卧室之间分户墙和分户楼板的空气声隔声性能,特别是低频空气声隔声性能尤为重要。

6.4.4　本条对应《河南省健康建筑评价标准》T/HNKCSJ 002—2022 第 6.1.3 条、第 6.2.3 条。

本条规定了除住宅外其他建筑的隔墙的空气声隔声性能要求。产生噪声房间通常噪声低频成分较多,需要用重质匀质隔墙以提高低频段的空气声隔声性能。第2款和第3款给出了不同空气声隔声性能指标时,采用匀质墙体或多层轻质墙体时的隔声性能要求。由于多层构造轻质墙体在安装线槽、电气插座时,隔声性能降低更为显著,隔声性能越高,影响越突出,因此若选择多层构造轻质墙体,应选择实验室测试结果更高的墙体类型。

6.4.5 本条对应《河南省健康建筑评价标准》T/HNKCSJ 002—2022第6.1.3条、第6.2.3条。

通常光裸楼板的撞击声隔声性能均较差,要满足《河南省健康建筑评价标准》T/HNKCSJ 002—2022中楼板撞击声隔声性能的要求,均应在结构楼板的基础上,采取改善楼板撞击声隔声性能的构造措施。对于住宅建筑,最有效的改善楼板撞击声隔声性能的构造措施是通过在结构楼板上方增设弹性垫层,并在弹性垫层上方浇筑填充层形成浮筑楼面系统。选择浮筑楼面系统时,需要关注的是楼板撞击声改善量,而不是现场测得的计权标准化撞击声压级或计权规范化撞击声压级。特别是在现场房间尺寸和容积较大时,测试结果会产生巨大的差别。

6.4.6 本条对应《河南省健康建筑评价标准》T/HNKCSJ 002—2022第6.2.5条。

相比空气声隔声,设备、管道引起的振动和固体传声更难处理,因此将设备房间远离噪声敏感建筑及噪声敏感房间是最有效的措施,故本条对产生噪声房间的位置提出了布置要求。

1 建筑给排水系统中,产生噪声与振动扰民的常见设备是水泵和冷却塔,以及与之相连的管路系统,本款提出了水泵和冷却塔的位置布置要求。

2 本款规定了供暖通风空调系统产生噪声房间的位置布置要求。

3 建筑电气设备中,产生噪声与振动的主要设备是变配电设备,如果条件允许,将变配电室单独设置是最优先选择的设计措施。

6.4.7 本条对应《河南省健康建筑评价标准》T/HNKCSJ 002—2022 第 6.2.5 条。

对于采用扩声系统传输语言信息的场所,应首先保证语言清晰度,语言清晰度是衡量讲话人语音可理解程度的物理量,反映厅堂或扩声系统的声音传输质量。语言清晰度的影响因素主要包括语言声压级、背景噪声声压级、混响时间、系统失真等。然后应通过吸声设计来控制空间内的混响时间。当混响时间过长时,由于人员密集的大型空间远处传来的无法了解内容的混响声的干扰,会导致人们不能用正常的嗓音进行交流,不得不提高说话的音量。提高的音量会导致大空间内的噪声水平越来越高,出现"鸡尾酒会效应"。降低混响时间的最有效方式是在大空间内设置足够多的吸声材料。

6.4.8 本条对应《河南省健康建筑评价标准》T/HNKCSJ 002—2022 第 6.2.5 条。

开放式办公空间是指能容纳大量员工集体办公,且同事间可交谈互动,或员工集中安排在各个单元化的工位上的大空间办公室及类似空间。开放式办公空间中的员工会受到工位周围员工活动的影响,若声学条件不佳,会导致分心和缺少言语私密性。注意力不集中会降低工作效率,尤其是那些对认知能力要求高的工作。言语私密性差将无法进行保密或部分保密的谈话,私密谈话可能被其他人听到,这是谈话者所不希望的。

开放式办公空间的设计包括合理布局工位及团队或工作组成员的相互位置。开放式办公空间的声学性能会受到室内吸声条件、隔断和储物柜高度、背景噪声、工位围合程度、工位间距和房间尺寸等因素的影响。房间的混响时间过去被视为其声学性能的主要指标,同时开放式办公空间声学参量还可参考国家标准《声学室内声学参量测量 第3部分:开放式办公室》GB/T 36075.3中的其他声学参量,例如:分心距离、私密距离、语音声压级的空间衰减率、语音传输指数和背景噪声级等。

6.4.9 本条对应《河南省健康建筑评价标准》T/HNKCSJ 002—2022第6.1.2条。

本条规定了建筑物内部建筑设备产生的振动和噪声传播至主要功能房间的室内噪声限值。对于不同类型建筑设备产生的噪声,应采取不同的降噪措施,例如,对于各类风机沿通风管道传播的噪声,应通过消声设计来降低其产生的噪声干扰;对于建筑设备产生振动随结构传播产生的结构噪声,应通过隔振设计来降低其产生的噪声干扰。对于有些设备或机房噪声,可能需要采用吸声、消声、隔声与隔振等综合降噪处理才能达到降低噪声的目的。

本条规定的是建筑物内部的所有建筑设备传播至主要功能房间室内的噪声限值,是建筑设备通过各种传声途径(含空气声传播、撞击声传播、结构声传播)传播至主要功能房间室内的噪声总和。该限值不包含建筑物外部噪声源对室内噪声等效声级产生的影响。

6.4.10 本条对应《河南省健康建筑评价标准》T/HNKCSJ 002—2022第6.2.2条。

本条中的室内噪声级限值是包含建筑物外部噪声源传播至主要功能房间,以及建筑物内部建筑设备传播至主要功能房间的两种噪声叠加后的限值。本条要求电梯间不得紧邻噪声敏感房间。对于预留孔洞由用户自行安装分体式空调的项目,应当结合项目情况,针对室外机噪声采取预防与管控措施。

6.4.11 本条对应《河南省健康建筑评价标准》T/HNKCSJ 002—2022第6.2.4条。

噪声敏感房间除易受到户外空气传声和楼板撞击直接传声影

响外,室内外的振动源(如地铁、水泵等)产生的振动通过楼梯结构传播至噪声敏感房间,当传播的振动激励频率与建筑构件的共振频率接近时,易激发结构噪声。结构噪声的产生和传播方式与空气传声或撞击传声完全不同,而且多为低频窄带噪声,对人的干扰更严重。为了保证人的正常睡眠和学习工作,对有睡眠要求的房间和需集中精力、提高学习和工作效率的功能房间,规定了结构噪声的最低限值。

6.5 天然采光

6.5.1 本条对应《河南省健康建筑评价标准》T/HNKCSJ 002—2022 中第 6.1.4 条。

良好的天然采光有利于人们的身心健康,主要功能房间作为人员长期工作或停留的场所,应有充足的采光。国家标准《建筑采光设计标准》GB 50033 中规定了各类房间和场所的采光标准值,包括采光系数和均匀度等要求,主要功能房间应保证满足这些要求。

1 与人工照明相比,天然采光更有利于健康和节能。在健康建筑设计中,应遵循优先利用天然光的原则,人工照明作为补充,并宜采用与采光联动的照明控制措施。

2 窗是室内人员与外界交流的媒介,良好的视野有助于居住者的心情舒畅。室外视野主要包括天空、景观和地面这三类,但不包括遮挡建筑。良好的视野可以通过控制建筑之间的间距、合理设计绿化等室外景观等措施来实现。此外,通过窗看到的景色应当清晰、不变形、易于辨色。

3 为保证充足的采光,采光窗应有良好的透光性能,透光折减系数 T_r 应大于 0.45。天然光采光窗的颜色透射指数是反映透过采光系统的光质量的重要评价指标,颜色透射指数越高,则表示光的显色性越好,也将带给人更舒适的视觉体验和更高的视觉作业效率。为了保证良好的视觉效果,采光口材料的颜色透射指数(R_a^T)不应低于80,不宜采用着色玻璃等对可见光波段光谱有明显选择性的材料。

6.5.2 本条对应《河南省健康建筑评价标准》T/HNKCSJ 002—2022 第 6.2.6 条。

采光设计应采用静态采光指标与动态采光指标相结合的设计方法,必要时宜基于气象参数进行全年动态采光模拟,并考虑遮阳和窗帘等设施的效果。一方面,要保证采光充足,满足采光标准的要求;另一方面要避免采光过度,直射日光过多,容易造成明暗对比强烈,引起视觉的不舒适,同时也容易造成室内空调能耗增加,因此需要对直射日光加以控制。表中的第 1 条要求,是要求通过合理的采光设计,包括保证开窗面积大小、均匀布置采光口、透光性好的材料等,保证采光的水平和均匀度。表中的第 2 条要求,则是通过遮阳、百叶等措施,控制直射日光进入室内的时段和区域范围,避免采光过度。

6.5.3 本条对应《河南省健康建筑评价标准》T/HNKCSJ 002—2022 第 6.2.6 条。

建筑设计方案就决定了采光的效果,因此需要在建筑设计阶段采取相应的措施。

1 采光计算较为复杂,如果考虑动态采光模拟更是如此,因此需借助计算机软件对采光效果进行定量分析,并可进行方案的比选和优化。

2 对于侧面采光而言,房间进深是影响采光水平和均匀性的重要因素。通过合理的布局,控制合理的进深,有利于保证采光的效果。

3 除传统的天窗和侧窗外,还有其他的多种采光形式。如可采用中庭和天窗改善内区的采光,利用采光天井改善地下或半地下空间的采光,利用导光管等装置将日光引入无窗和地下空间等。

在建筑设计方案中灵活运用这些技术措施,可实现改善采光的目的。

4 对于层高较大的空间,侧面采光口的上半部分区域没有观景的功能,可设置反光板或反光半叶等设施,将日光反射到室内进深较大的空间,同时要考虑提高室内的天花板反射比,以增加反射的效果。

6.5.4 本条对应《河南省健康建筑评价标准》T/HNKCSJ 002—2022 第 6.2.6 条。

针对各类地下空间的特点,本条提出了两类有针对性的技术措施。

6.6 无障碍

6.6.1 本条对应《河南省健康建筑评价标准》T/HNKCSJ 002—2022 第 8.1.3 条。

国家标准《无障碍设计规范》GB 50763 适用于全国城市新建、改建和扩建的城市道路、城市广场、城市绿地、居住区、居住建筑、公共建筑及历史文物保护建筑等。本规范未涉及的建筑类型或有无障碍需求的设计,宜按本规范中相似类型的要求执行。根据《建筑与市政工程无障碍通用规范》GB 55019 的相关要求,建筑无障碍设施的建设和运行维护应遵循:保证安全性和便利性,兼顾经济、绿色和美观;保证系统性及无障碍设施之间有效衔接;应从设计、选型、验收、调试和运行维护等环节保障建筑无障碍通行设施、无障碍服务设施和无障碍信息交流设施的安全、功能和性能。充分强调无障碍系统应完整连贯。

6.6.2 本条对应《河南省健康建筑评价标准》T/HNKCSJ 002—2022 第 8.2.8 条。

电梯的重要性不言而喻,是建筑内重要的交通工具。综合考虑到人员出行的便捷性、房屋的保值增值性,尤其是进入老龄化社会后,老年人对电梯使用的需求也逐渐增加,加设电梯新标准应运而生,两层及两层以上的建筑宜设置电梯。对于交通建筑及商业服务建筑、体育建筑、文化纪念建筑、特殊教育院校等公共建筑,均应设置至少一部无障碍电梯,无障碍电梯深度不宜小于1.8 m,电梯厅的按钮高度为0.9~1.1 m,电梯厅应设电梯运行显示和抵达音响,电梯应设无障碍标志牌。居住建筑应明确要求每单元宜设置至少一台可容纳担架的无障碍电梯,不仅让居住建筑电梯设置满足无障碍设计需求,更能让居住建筑电梯成为"救命通道",提升医疗救护效率。

6.6.3 本条对应《河南省健康建筑评价标准》T/HNKCSJ 002—2022 第8.2.10条。

公共建筑室内台阶踏步数不应少于2级,当高差不足2级时,应按坡道设置且室内坡道坡度不宜大于1:8,室内坡道水平投影长度超过15 m时,宜设休息平台且平台宽度应根据使用功能或设备尺寸缓冲空间而定;坡道应采取防滑措施,采用防滑材料进行坡道铺设,设有明显无障碍标识。住宅的无障碍设计应满足:住宅套内空间应采用通用性设计,至少有一个卧室与起居室、餐厅、厨房和卫生间在同一个无障碍平面上,必要的部位应设置扶手、护栏和紧急求助装置等设施;老年人使用的卫生间应紧邻卧室布置,并设置安全扶手,卫生间、浴室宜安装适老洁具、紧急求助设施;老年人使用的卫生间、盥洗室、浴室、卧室等用房中均应提供老年人使用的盥洗设施,应选用方便无障碍使用的洁具且宜设应急观察装置。

6.6.4 本条对应《河南省健康建筑评价标准》T/HNKCSJ 002—2022 第5.2.11条。

公共建筑中每层至少分别设置一个满足无障碍要求的公共卫生间,或在公共卫生间附近至少设置一个独立的无障碍厕所。同时,在一类固定式公共厕所、二级及以上医院建筑的公共厕所、重要公共设施及重要交通客运设施区域的活动式公共厕所等均应设置第三卫生间(或家庭卫生间)。在设置要求方面,第三卫生间使用面积不应小于 6.5 m², 位置宜靠近公共厕所入口,方便行动不便者或残障人士进入,第三卫生间内部应留有直径不小于 1.5 m 的轮椅回转空间。

7 给水排水设计

7.1 水质保障与提升

7.1.1 本条对应《河南省健康建筑评价标准》T/HNKCSJ 002—2022 第 5.1.1 条、第 5.1.2 条、第 5.2.1 条。

1 市政供水的优点包括:集中取水,水源的健康保护更充分,原水水质更稳定;集中处理,出水水质稳定;供水管网保障度高,水质水量更安全。

2 水处理作为建筑二次供水水质无法满足使用需求或水质恶化后的"补救"措施,是健康建筑水质保障的终极防线。健康建筑的供水可以通过深度处理实现水质的稳定、改善和提升。建筑二次供水水处理措施通常包括常用的消毒、过滤、软化等水处理技术,以及综合提升用水品质的直饮水处理系统。各种处理方式的应用范围和优缺点各有不同,不同建筑可以根据其二次供水系统特点进行经济技术比较,合理选用一种或多种处理方式。对于用水点较为集中、供水水质改善目标和稳定程度要求较高的项目,宜采用集中处理系统;对于用水点分散、供水水质改善目标和稳定程度要求不高的项目,宜采用分散处理设备。

3、4 规定了项目具有多种不同水质需求的用水时,设置水处理设施的原则。考虑到水处理设施运行工况稳定和成本节约的因素,水质需求差异较大的各类用水应设置分质供水系统,低质低用,高质高用。水处理设施的出水水质应满足其供水范围内所有用水的水质需求。

5 储水设施、分支管路内的水更新缓慢或长时间得不到更新,会造成水质生物稳定性下降,更容易导致细菌等微生物的二次生长。有研究表明,水在贮存过程中,随着贮存时间延长,水中细菌总数(HPC)会在2~5 d内迅速增长,尽管随后直至贮存时间达到15 d,会逐渐下降,但仍远超出《生活饮用水卫生标准》GB 5749中的限值。

7.1.2 本条对应《河南省健康建筑评价标准》T/HNKCSJ 002—2022第5.1.2条。

雨水、优质杂排水等水质较好的原水水源,处理技术要求简单,运行管理和日常维护成本更低。

7.1.3 本条对应《河南省健康建筑评价标准》T/HNKCSJ 002—2022第5.2.1条。

对于用水规模较大、供水水质改善目标和稳定程度要求较高的供水系统,宜集中设置软化水处理设备;对于用水规模较小、供水水质改善目标和稳定程度要求不高的供水系统,宜就地设置局部或分散软化水处理设备。

本条参考现行国家标准《建筑给水排水设计标准》GB 50015第6.2.3条的第1、2款,对热水用水量大于或等于10 m³的系统做出了软化的要求。以日用水量10 m³作为集中和分散处理设施选择的建议边界。

7.1.4 本条对应《河南省健康建筑评价标准》T/HNKCSJ 002—2022第5.2.1条。

建筑二次供水常采用的消毒技术主要包括紫外线消毒、加氯消毒、臭氧消毒、紫外光催化二氧化钛消毒、铜银离子消毒等。

紫外线消毒是通过破坏细菌病毒中的脱氧核糖核酸/核糖核酸的分子结构,造成生长性细胞死亡/再生性细胞死亡,达到杀菌消毒的效果。紫外线消毒设施一般设置于储水设施出水管上,具有杀菌效率高、广谱性好、无二次污染、运行安全可靠、初投资及维护费用低等优点,缺点是消毒缺乏持久性。

建筑二次供水的加氯消毒主要指二氧化氯消毒。次氯酸钠由于消毒副产物等问题,基本已不再用于二次供水消毒。二氧化氯通过氧化细菌细胞内的酶、抑制生物蛋白的合成来实现杀菌消毒的效果。二氧化氯消毒的优点是杀菌效率高、广谱性好、无副作用、持久性好;缺点是不能储存,需要现场采用发生器制取,就地投加。

臭氧消毒是通过氧化细胞物质实现杀菌、灭藻效果。此外,臭氧还能消除水中有机物影响,降低生物/化学耗氧量,降低水的色度、浊度,去除臭味。臭氧消毒的优点是杀菌能力强、无二次污染、无副作用;缺点是消毒缺乏持久性、成本偏高。各种消毒方式的应用范围和优缺点各有不同,不同建筑可以根据其二次供水系统特点进行经济技术比较,合理选用一种或多种消毒方式。

7.1.5 本条对应《河南省健康建筑评价标准》T/HNKCSJ 002—2022 第 5.2.2 条、第 7.2.1 条、第 8.2.1 条。

1、2 同第 7.1.1 条第 3 款条文说明。

3 同第 7.1.1 条第 6 款条文说明,直饮水供水系统对水质指标和稳定性要求更高,必须设置循环处理措施。

4、5 规定了直饮水用水点的设置原则,要求兼顾取用方便、卫生安全、维护便利等原则。

7.1.6 本条对应《河南省健康建筑评价标准》T/HNKCSJ 002—2022 第 5.2.1 条、第 5.2.3 条。

1 集中生活热水系统可通过控制系统内热水温度避免军团菌的孳生。军团菌属于需氧革兰氏阴性杆菌,主要存在于水(特别是热水)环境中,以嗜肺军团菌最易致病,引发呼吸道疾病。生活热水系统供水维持 50 ℃以上的温度可以抑制军团菌的孳生。

2 参考现行国家标准《建筑给水排水与节水通用规范》GB 55020 第 5.2.4 条要求。

3 生活热水中的军团菌除采用供水温度控制抑菌外,还可采用军团菌消毒技术。常用的军团菌消毒技术有紫外光催化二氧化钛消毒、铜银离子消毒。

7.1.7 本条对应《河南省健康建筑评价标准》T/HNKCSJ 002—2022 第 5.2.4 条。

1 相较于在施工现场加工制作的非成品储水设施,成品储水设施由于在工厂内预先生产,能够有效避免施工现场复杂环境下,各种复杂因素对储水设施可能造成的污染问题,且在安全生产、品质控制、减少误差等方面均较现场加工更有优势。

2、3 均为减少储水设施水力停留时间的措施要求。

7.1.8 本条对应《河南省健康建筑评价标准》T/HNKCSJ 002—2022 第 5.1.4 条。

本条明确了对于卫生器具或用水设备的防回流污染的要求。已经从配水口流出的并经洗涤过的废污水,不得因生活饮用水水管产生负压而被吸回生活饮用水管道,使生活饮用水水质受到严重污染,这种事故必须杜绝。

7.1.9 本条对应《河南省健康建筑评价标准》T/HNKCSJ 002—2022 第 5.2.5 条。

水质在线监测系统通过配置在线检测仪器设备,实时检测关键性位置和代表性测点的重点水质指标,并将监测数据上传到远程数据管理平台,由数据管理平台对监测数据进行存储、自动分析及事故报警。其特点是能随时提醒管理者发现水质异常变化,及时采取有效措施,避免水质恶化事故扩大。

生活饮用水、非传统水源的在线监测项目应包括但不限于浑浊度、余氯、pH 值、电导率(TDS)等,雨水回用还应监测 SS、CODcr;管道直饮水的在线监测项目应包括但不限于浑浊度、pH值、余氯或臭氧(视采用的消毒技术而定)等指标,终端直饮水可采用消毒器、滤料或膜芯(视采用的净化技术而定)等耗材更换提醒报警功能代替水质在线监测;游泳池水的在线监测项目应包括但不限于 pH 值、氧化还原电位、浑浊度、水温、余氯或臭氧浓度(视采用的消毒技术而定)等指标;空调冷却水的在线监测项目应包括但不限于pH值(25℃)、电导率(25℃)等指标。未列及的其他供水系统的水质在线监测项目，均应满足相应供水系统及水质标准规范的要求。水质监测的关键性位置和代表性测点包括水源、水处理设施出水及最不利用水点。监测点位的数量及位置也应满足相应供水系统及水质标准规范的要求。

7.1.10 本条对应《河南省健康建筑评价标准》T/HNKCSJ 002—2022 第5.1.2条。

喷灌方式会使水在空气中以液态颗粒悬浮的形式，呈气态分散状态，形成气溶胶。水中微生物极易借此在空气中传播进入人体呼吸系统，故再生水用于绿化灌溉时不应采用喷灌方式。

7.2 系统安全与卫生

7.2.1 本条对应《河南省健康建筑评价标准》T/HNKCSJ 002—2022 第5.2.7条。

1 给排水管道及设备标识的设置要求在系统设计阶段以有法律效力的图纸等设计资料的形式提出，才能保证后续招采、施工、验收阶段的有效落实。

2~4 规定了给排水管道及设备标识的具体设置原则要求。

7.2.2 本条对应《河南省健康建筑评价标准》T/HNKCSJ 002—2022 第5.2.6条。

建筑二次供水过程中，随着供水管网的输配水距离不断增长，管道中的水与管道内壁发生的物理、化学及微生物等反应引起水质恶化的可能性也在升高。选用更耐腐蚀、强度更高的优质管材及阀门附件，能够最大限度降低二次供水输水过程中管道内水受到二次污染的可能。管材及阀门附件的选择应满足现行国家标准《建筑给水排水与节水通用规范》GB 55020、《建筑给水排水设计标准》GB 50015、《室外给水设计标准》GB 50013及《建筑给水排水及采暖工程施工质量验收规范》GB 50242的相关要求。

7.2.3 本条对应《河南省健康建筑评价标准》T/HNKCSJ 002—2022 第5.2.8条。

当管道内流动水的温度比室温低时,会导致管道表面温度低于空气露点温度,从而出现管道结露现象,管道结露是"非正常"积水或渗水的主要原因。避免给水排水管道结露,能够使室内保持干爽,减少或避免细菌等微生物的孳生,有效保障环境卫生。管道安装时应选择适宜的防结露保温材料、做法及厚度,有效避免在设计工况下产生结露现象。

7.2.4 本条对应《河南省健康建筑评价标准》T/HNKCSJ 002—2022 第5.2.8条。

远传水表相较于传统的普通机械水表增加了信号采集、数据处理、存储及数据上传功能,可以实时将用水量数据上传给管理系统。远传计量系统按水平衡测试的要求分级安装计量装置,对各类用水进行计量,可辅助物业管理方准确掌握项目用水现状、用水总量和各用水单元之间的定量关系,进行管道漏损情况检测,随时了解管道漏损情况,及时查找漏损点并进行整改。远传水表按水平衡测试要求安装,具体要求为下级水表的设置应覆盖上一级水表的所有出流量,不得出现无计量支路。

7.2.5 本条对应《河南省健康建筑评价标准》T/HNKCSJ 002—2022 第5.2.10条。

现行国家标准《建筑给水排水与节水通用规范》GB 55020、《建筑给水排水设计标准》GB 50015 中均要求厨房和卫生间的排水立管应分别设置,降低卫生间排水系统内的有害气体或生物进入厨房排水系统的概率,进而避免对厨房环境造成卫生问题。健康建筑在此基础上应有更高要求,厨房和卫生间排水系统的立管,室外排水检查井以前的排水横干管均应分别设置,以彻底将卫生间与厨房的排水系统分开,断绝有害气体和生物串流的可能性。

7.2.6 本条对应《河南省健康建筑评价标准》T/HNKCSJ 002—

2022 第 5.2.9 条。

1、2 卫生器具采用墙排方式实现同层排水，或者采用整体卫浴设施实现同层排水，排水管道布置在夹层空间内。除了具备同层排水方式的优点，还具有卫生器具挂墙安装，地面无清洁盲区；无须降板，不占用下层空间高度；管道渗漏事故能够及时发现并检修维护便利等优点。

7.2.7 本条对应《河南省健康建筑评价标准》T/HNKCSJ 002—2022 第 6.2.5 条。

建筑给水排水系统中，产生噪声与振动扰民的常见设备是水泵和冷却塔，以及与之相连的管路系统。建筑给水排水系统与其他建筑设备不同的是，其输送的媒质(水)是不可压缩的液体，设备产生的振动会随着水传递，不会有显著衰减。因此，对于建筑给水排水系统，特别是带有供水设备的有压系统，需重点关注管道及其支撑系统的隔振处理。

7.3 卫生器具与地漏

7.3.1 本条对应《河南省健康建筑评价标准》T/HNKCSJ 002—2022 第 5.1.3 条。

1、2 便器构造内自带水封，相较于排水管上设置存水弯，能够避免便器与存水弯之间的管段内滋生的有害气体逸入室内，最大限度保障室内环境的卫生安全。水封深度不足时，容易受蒸发或管道内压力波动影响而失效，导致排水系统与建筑室内空间连通，使有害气体进入室内，造成环境卫生问题。卫生器具自带水封装置可以通过频繁用水、排水补充水封深度。

3 本款规定的目的是防止两个不同病区或医疗室的空气通过器具排水管的连接相互串通，以致可能产生致病菌传染。

4 双水封会形成气塞，造成气阻现象，排水不畅且产生排水噪声。如在卫生器具排水管段上设置了水封，又在排出管上加装水封,卫生器具排水时,会产生气泡破裂声,在底层卫生器具产生冒泡、泛溢、水封破坏等现象。

7.3.2 本条对应《河南省健康建筑评价标准》T/HNKCSJ 002—2022 第5.2.11 条。

从公共卫生安全和可能发生的疫情防控角度出发,通过卫生器具选型,尽可能减少人群使用公共卫生间时与卫生器具的直接接触,切断致病细菌、病毒等通过人群间接接触传播的途径。

7.3.3 本条对应《河南省健康建筑评价标准》T/HNKCSJ 002—2022 第10.2.6 条。

智能坐便器具早先主要应用于医疗、养老建筑。近年来,随着技术发展、人们日常生活水平和需求的提高,住宅、酒店、办公等建筑中也逐渐开始采用智能坐便器具。

7.3.4 本条对应《河南省健康建筑评价标准》T/HNKCSJ 002—2022 第5.2.9 条。

直饮水设备是指可以将生活饮用水管网的水经水质深度处理成直接饮用水的处理装置,装置中有定期反冲洗水自动排出。

7.3.5 本条对应《河南省健康建筑评价标准》T/HNKCSJ 002—2022 第5.1.3 条。

一些涉水的设备正常运行情况下不排水,在检修时需要从地面排水时宜采用密闭地漏,目前市场上密闭地漏有用工具动手打开的,也有脚踩的可供选择。对于管道井、设备技术层的事故排水,建议设置无水封直通式地漏,连接地漏的管道末端采取间接排水。

设备排水采用不带水封的直通式两用地漏,这种地漏箅子既有设备排水插口也有地面排水孔。地漏与排水管道连接应设存水弯,这种配置排水阻力较小,排水量大。

7.3.6 本条对应《河南省健康建筑评价标准》T/HNKCSJ 002—2022 第5.2.12 条。

污水在化粪池厌氧处理过程中有机物分解产生甲烷气体,聚集在池上部空间,甲烷浓度为 5%~15%时,一旦遇到明火即刻发生爆炸。化粪池爆炸导致成人、儿童伤亡的事故几乎每年发生。设通气管将化粪池中聚集的甲烷气体引向大气中散发是降低甲烷浓度的有效办法。通气管可在顶板或顶板下侧壁上引出,通气管出口应设在人员稀少的地方或远离明火的安全地方。

　　排入城镇污水管网的污水水质必须符合国家现行标准的规定,不影响城镇排水管渠和污水厂等的正常运行;不应对养护管理人员造成危害;不应影响处理后出水的再生利用和安全排放;不应影响污泥的处理和处置。

　　污水处理中排放的污水、污泥、臭气和噪声应符合国家现行标准的规定。

8 暖通空调设计

8.1 环境舒适

8.1.1 本标准旨在指导设计人员进行健康建筑的暖通空调设计，在设计过程中首先必须严格按照现行国家标准《民用建筑供暖通风与空气调节设计规范》GB 50736 相关规定。其次，在上述标准进行修订或发布行业通用规范后，健康建筑设计应同步执行最新暖通空调相关设计参数。对于不采用集中供暖(空调)系统的建筑，应有保障室内热环境的措施或预留条件，如分体空调安装条件等。

8.1.2 本条对应《河南省健康建筑评价标准》T/HNKCSJ 002—2022 第 6.2.11 条。

参照现行国家标准《民用建筑供暖通风与空气调节设计规范》GB 50736 对室内各个设计参数的要求，并对供冷工况风速进行调整。对于风速，参照《热环境的人类工效学 通过计算 PMV 和 PPD 指数与局部热舒适准则对热舒适进行分析测定与解释》GB/T 18049，取室内由于吹风感而造成的不满意度 DR(即 LPD_1)为不大于 20%。在 DR(即 LPD_1)= 20%时，空气温度、平均风速和空气紊流度之间的关系如图 8.1.2 所示。

最大允许平均风速是局部温度和湍流强度的函数。湍流强度在混合空气流动分布的空间内可在 30%~60%内变化。在有置换通风或没有机械通风的空间内，湍流强度都较小。根据实际情况，供热工况室内空气湍流强度一般较小，取 30%，空气温度取 18 ℃，得到冬季室内允许最大风速约为 0.2 m/s。供冷工况室内湍流强度较高，取 40%，空气温度取平均值 26 ℃，得到空调供冷工况室内允许最大风速约为 0.25 m/s。

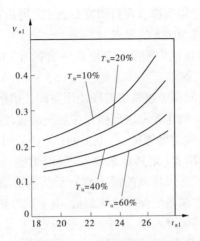

图 8.1.2 空气温度、平均风速和空气紊流度之间的关系

考虑到人员对长期逗留区域和短期逗留区域二者舒适性要求不同,因此分别给出相应的室内设计参数。

8.1.3 本条对应《河南省健康建筑评价标准》T/HNKCSJ 002—2022 第 6.2.11 条、第 6.2.14 条。

室内热湿环境直接影响人体热舒适,真实的供暖空调房间大多属于非均匀环境,存在部分空间舒适,其他部分空间过热、过冷或吹风不适等现象,对使用者舒适度影响较大。

热环境的整体性评价虽能一定程度上反映热舒适水平,但局部热感觉的变化也应考虑。因此,在对供暖空调房间室内热湿环境进行等级评价时,设计阶段应按其整体评价指标和局部评价指标进行等级判定,且所有指标均应满足相应等级要求。整体评价指标应包括预计平均热感觉指标(PMV)、预计不满意者的百分数(PPD),局部评价指标包括冷吹风感引起的局部不满意率(LPD_1)、垂直空气温度差引起的局部不满意率(LPD_2)和地板表面温度引起的局部不满意率(LPD_3)。整体评价指标和局部评价指标的计算程序均应符合现行国家标准《民用建筑室内热湿环境评价标准》GB/T 50785 的要求。

8.1.4 本条对应《河南省健康建筑评价标准》T/HNKCSJ 002—2022 第 6.2.14 条。

厨房、卫生间属于建筑中高频使用空间。厨房、卫生间热舒适需要加以改善。厨房等室内环境存在空气品质较差,夏季高温、高湿,冬季自然通风量低等特点,卫生间(尤其是明卫)存在冬季夜间温度较低,使用者(尤其是老年人)热舒适感较差等特点,对热湿环境的需求及送风排风的需求有异于其他功能房间,因此应设置独立的暖通空调系统保障建筑厨房、卫生间等热舒适需求。

常用空调对流型末端,夏季吹风感较强,冬季垂直温差大且不易调节,舒适型对流末端可通过优化送风口设计要求,确定合理的送风参数,集成空气射流技术等提高人员舒适性,因此建筑在空调末端选择时宜选用具备导流、可调节功能的舒适末端;同样的,对于地暖等采暖末端设备,也应具备末端可灵活调节的功能。

8.1.5 本条对应《河南省健康建筑评价标准》T/HNKCSJ 002—2022 第 6.2.5 条。

本条规定了供暖通风空调系统的隔振降噪设计要求,主要是从低噪声低振动设备选取、设备的隔振、管道隔振隔声、消声处理等各方面着手,降低噪声和振动在建筑内传播,保证噪声敏感房间内的声环境。相比空气声隔声,设备、管道引起的振动和固体传声更难处理,因此应采取充分而仔细的隔振隔声措施。对于供暖通风空调系统的降噪设计,十分关键的一项是暖通空调系统的消声设计。对于公共建筑的通风空调系统,宜提供暖通空调系统的消声设计。

8.2 空气质量

8.2.1 本条对应《河南省健康建筑评价标准》T/HNKCSJ 002—

2022 第 4.1.2 条、第 4.2.2 条。

研究表明,吸入的颗粒物粒径越小,进入呼吸道的部位越深,对健康危害越大,并且颗粒物对易感人群(儿童、老人、体弱人群、呼吸系统疾病人群)的健康危害更严重。粒径在 2.5~10 μm 的颗粒物,能够进入上呼吸道,部分可通过痰液等排出体外。粒径在 2.5 μm 以下的颗粒物(细颗粒物),会进入支气管和肺泡,干扰肺部的气体交拉,引发包括哮喘、支气管炎和心血管病等疾病甚至癌症;细颗粒物附着的 VOCs、SVOCs、重金属等有害物质,可以随细颗粒物通过支气管和肺泡进入血液,对人体健康产生更大危害。

需对室内颗粒物污染控制进行专项设计,可通过建筑设计因素(门窗渗透风量、新风量、净化设备效率、室内源等)及室外颗粒物水平(建筑所在地近 3 年的环境大气监测数据),结合建筑的运行方式(如单体净化器夏季与过渡季通常不开启、新风系统仅用于制冷的项目、冬季不应考虑新风净化等),在设计阶段对室内颗粒物浓度进行预评估计算,结合估算结果对暖通系统及空气净化装置进行合理设计和选型。

8.2.2 本条对应《河南省健康建筑评价标准》T/HNKCSJ 002—2022 第 4.2.7 条。

建筑内存在的有气味、颗粒物、臭氧、热湿等散发源的特殊功能空间,包括卫生间、浴室、设备机房、文印室、清洁用品及化学品存储间等,是室内环境污染的潜在来源。卫生间、浴室等容易产生带气味气体、易滋生霉菌和细菌并存在热湿源,不仅降低建筑使用者的舒适性,而且对人体健康具有一定影响,特别是在重大突发公共卫生事件发生时,具有病菌侵入风险。文印室、清洁用品及化学品存储间等特殊功能的房间,存在颗粒物、化学污染物扩散的风险,如打印复印设备室是臭氧和颗粒物的来源之地,与呼吸和心肺疾病相关联;清洁用品及化学品存储空间可能释放 VOCs 等化学有害气体,危害健康甚至致癌。

考虑到这些空间的特性,健康建筑要求对此类空间进行隔离,将其对建筑整体室内空气质量的恶劣影响最小化。可采取的措施如下:

(1)通过设置独立的局部机械排风系统防止污染物及病原微生物扩散或进入房间通风回风系统产生交叉污染,其排风量应满足散发源空间污染物的排放需求,使其符合室内空气质量标准。对各类污染物散发源空间,机械通风设计应符合现行国家标准《民用建筑供暖通风与空气调节设计规范》GB 50376 等相关标准的要求。

(2)室内可通过开窗、机械补风、在门上设置百叶等手段为空间内提供一定补风措施,防止空间内负压过大。独立排风系统排风口不得位于室外健身、交流、休息、娱乐等人员经常活动的区域,不得位于建筑其他空间的自然通风口和新风入口附近,不得对建筑产生二次污染,影响建筑使用者的健康。携带有害物质的排风应根据有害物质特性进行无害化处理后排放,并满足现行国家及地方相关排放标准的要求。排放系统入口方向处应设止回阀或与风机连锁的电动风阀,防止污染物倒灌,管道设计可参考现行行业标准《住宅厨房和卫生间排烟(气)道制品》JG/T 194 的要求。

8.2.3 本条对应《河南省健康建筑评价标准》T/HNKCSJ 002—2022 第4.2.9条。

我国室内外空气污染相对严重,主要污染物包括 PM_{10}、$PM_{2.5}$、O_3、VOCs 等,空气净化控制策略对我国建筑室内环境质量的保持十分必要。空气净化装置能够吸附、分解或转化各种空气污染物(一般包括 $PM_{2.5}$、粉尘、花粉、异味、甲醛之类的装修污染、细菌、过敏原等),有效提高空气清洁度,降低人体致病风险。常用的空气净化技术包括:吸附技术、负(正)离子技术、催化技术、光触媒技术、超结构光矿化技术、HEPA 高效过滤技术、静电集尘技术等。主要净化过滤材料包括:光触媒、活性炭、合成纤维、HE-

PA高效材料、负离子发生器等。建筑可通过在室内设置独立的空气净化器或在空调系统、通风系统、循环风系统内搭载空气净化模块,达到建筑室内空气净化的目的。

本条要求建筑内的主要功能房间(如公共建筑办公室、会议室等,居住建筑客厅、卧室、书房等)设置有空气净化装置,保障室内空气质量健康、稳定。具体要求如下:

(1)对于采用新风净化或循环风净化系统的建筑,要求系统应覆盖80%以上面积的主要功能房间,可设置的空气净化模式包括:①集中式新风系统:可在建筑新风系统输送管道中安装空气净化装置或模块,或在新风主机或管道系统上安装净化装置;②分户式新风系统:包括壁挂式新风系统和落地式新风系统,适用于小户型住宅建筑安装使用,一般可在新风主机内搭载净化模块;③窗式通风器:窗户是最简单的室内新风来源,可在窗户上安装具有净化效果的过滤网;④空调系统净化模块:可在循环风系统内部设置净化装置,通过过滤净化室内空气中的污染物防止其在循环过程中的累积。

(2)对于采用独立的空气净化器的建筑,要求超过90%的主要功能房间内应配备空气净化器,且空气净化器的洁净空气量、净化能力等指标应可满足房间尺寸需求。对于采用空气净化器的居住建筑,要求每户50%以上数量的主要功能房间配有适宜的空气净化器即可。空气净化器洁净空气量(CADR)数值宜为所在房间体积的3~6倍。

8.2.4 本条对应《河南省健康建筑评价标准》T/HNKCSJ 002—2022第4.2.8条。

厨房作为室内可吸入颗粒物的重要来源,经常被人们忽视。我国传统的烹饪以猛火爆炒、煎、炸等方式较多,烹饪过程中会产生大量的油烟气体。同时,还由于灶具使用燃料的不完全燃烧也会产生氮氧化物。油烟气体及燃烧废气中含有大量的 $PM_{2.5}$ 和

VOCs,对人体健康有较大危害。如果不对烹饪烟气进行有效处理、排出或开窗通风,很容易导致厨房内 $PM_{2.5}$ 浓度超标,危害人体健康。

对烹饪过程产生污染空气的处理方式有通过开窗自然对流换气、排风扇外排和吸油烟机对油烟收集、处理后排放。目前,最主要的方式为通过吸油烟机等机械通风手段进行处理。具体要求如下:

1 住宅厨房污染源较集中,应采用机械排风系统,设计时应预留机械排风系统开口。为保证有效的排气,应有足够的进风通道,当厨房外窗关闭时,需通过门进风,应在下部设置有效截面面积不小于 0.02 m^2 的固定百叶,或距地面留出不小于 30 mm 的缝隙。厨房吸油烟机的排气量一般为 $300 \sim 500 \text{ m}^3/\text{h}$,有效进风截面积不小于 0.02 m^2,相当于进风风速为 $4 \sim 7 \text{ m/s}$,由于吸油烟机有较大压头,换气次数基本可以满足 3 次/h 的要求。

2 发热量大且散发大量油烟和蒸汽的厨房设备指炉灶、洗碗机、蒸汽消毒设备等,设置局部机械排风设施的目的是有效地将热量、油烟、蒸汽等控制在炉灶等局部区域并直接排出室内环境造成污染。局部排风风量的确定原则是保证炉灶等散发的有害物不外溢,使排气罩的外沿和距灶台的高度组成的面积及灶口水平面积都保持一定的风速,计算方法可参考相关设计手册、技术措施。

3 最大静压和最大风量是影响吸油烟机等机械排风设备排出油烟效果的主要参数。最大静压及最大风量值越大,处理效果越佳。产生油烟设备的排风应设置油烟净化设施,其油烟排放浓度及净化设备的最低去除效率不应低于现行国家相关标准的规定。

4 厨房吸油烟机、吸烟罩(排气罩)等在正常使用时,应保证有一定量的补风,不能形成密闭的空间,若没有足够的补风,室内会由于吸油烟机的排风而形成负压致使吸油烟机吸油烟效果变差,因此可通过机械补风或非对流的窗户进行补风,补风量宜为排风量的 70%~85%。对于烹饪密度较大的厨房空间(如餐厅、食堂后厨)或位于地下楼层的厨房空间,应采用机械补风措施。吸油烟机应符合现行国家标准《吸油烟机及其他烹饪烟气吸排装置》GB/T 17713 的规定。厨房内吸油烟机等机械排风设备正常运行时,厨房内通风换气次数应满足《民用建筑供暖通风与空气调节设计规范》GB 50736 等相关标准的规定。

5 使用吸油烟机等装置进行厨房油烟处理时,厨房气流流通状态、共用烟道型式、尺寸、排烟管与共用烟道接头入口处的尺寸、位置、方向,排烟管长度等条件都会对吸油烟机的吸油烟效果产生影响;排风管道具体选型安装应符合:①通过共用烟道集中进行油烟排放的建筑,厨房共用烟道的设置应符合现行行业标准《住宅厨房和卫生间排烟(气)道制品》JG/T 194 的要求,共用烟道入口方向处应有防火阀、止回阀或与风机连锁的电动风阀防止油烟气味的倒灌,共用烟道入口处的吊顶应设置检查口,以方便对排风管进行正常的维护;②未设置共用烟道,直排式的住宅,排烟口外墙侧应设置安装防止虫、鸟等动物进入,防止风、雨倒灌的接头装置;③厨房排风口不得位于室外健身、交流、休息、娱乐等人员经常活动的区域,不得位于建筑其他空间的自然通风口和新风入口,不得对建筑产生二次污染;④确保吸油烟机、排风管、烟道防火阀、止回阀或电动风阀之间的连接应牢固、可靠,不得漏风,以防止使用时油烟泄漏。

8.2.5 本条对厨房及场地内锅炉房污染物排放做出要求。现行国家标准《饮食业油烟排放标准》GB 18483 规定了饮食业单位油烟的最高允许排放浓度和油烟净化设备的最低去除效率。

现行国家标准《锅炉大气污染物排放标准》GB 13271 规定了锅炉烟气中颗粒物、二氧化硫、氮氧化物、汞及其化合物的最高允许排放浓度值和烟气黑度限制。对于场地内的锅炉房等设备污染物排放，还应参照现行国家标准《环境空气质量标准》GB 3095、《大气污染物综合排放标准》GB 16297 等执行。

8.2.6 本条对应《河南省健康建筑评价标准》T/HNKCSJ 002—2022 第 6.1.6 条。

当重大突发公共卫生事件出现时，如果建筑室内暖通空调系统设计不当、气流组织设计不合理、系统不能及时调控就会导致疾病进一步蔓延。因此，建筑内暖通空调系统既要能保障室内人员热舒适，又要能应对重大突发公共卫生事件，保障人民健康。突发公共卫生事件出现时，本条针对建筑通风空调系统的设计与运行提出相应要求。

1 能形成合理的室外新风流经人员所在场所的气流组织。

2 空调系统新风口及周围环境必须清洁，确保新风不被污染。新风口、排风口、加压送风口、排烟口设置与距离必须满足卫生要求。①室外新风口水平或垂直方向距燃气热水器排烟口、厨房油烟排放口和卫生间排风口等污染物排放口及空调室外机等热排放设备的距离不应小于 1.5 m，当垂直布置时，新风口应设置在污染物排放口及热排放设备的下方；②对分户式新风系统，当新风口和排风口布置在同一高度时，宜在不同方向设置；在相同方向设置时，水平距离不应小于 1.0 m；③对分户式新风系统，当新风口和排风口不在同一高度时，新风口宜布置在排风口的下方，新风口和排风口垂直方向的距离不宜小于 1.0 m。

3 空调通风系统的常规清洗消毒应符合现行行业标准《公共场所集中空调通风系统清洗消毒规范》WS/T 396 的要求。

4 应急状态下建筑热湿环境及相应系统应采用如下措施来加强室内外空气流通：以循环回风为主，新风、排风为辅的全空气空调系统，在重大突发公共卫生事件时，原则上应采用全新风运行，以防止交叉感染；采用新风、排风热回收器进行换气通风的空调系统,应按最大新风量运行,且新风量不得低于卫生标准,达不到标准者应通过合理开启门窗,加强通风换气,以获取足额新风量;对于只采用空调器(机)供冷供热的房间,应合理开启部分外窗,使空调房间有良好的自然通风;当空调关停时,应及时打开门窗,加强室内外空气流通。

8.3 监测与控制

8.3.1 本条对应《河南省健康建筑评价标准》T/HNKCSJ 002—2022 第4.1.5条。

地下车库通风是为了排除汽车尾气污染物,尾气主要有害成分为CO、氮氧化物等。当汽车在地下车库内慢速行驶或空挡运转时,燃料不能充分燃烧,尾气中CO含量会明显增加。由于建筑性质不同,地下车库在不同时间段进出汽车的频率也不相同,汽车库CO浓度随时间不同而变化。可根据地下车库实时CO浓度改变通风设备的运行台数及设备启停。CO监测装置应设置在车库内CO浓度较大的位置,不应设置在送风口附近。

本条旨在通过对CO浓度的实时监测和与通风系统的联动,确保地下车库CO浓度符合相关安全和健康标准规定。监测控制系统通信协议宜符合现行行业标准《污染物在线监控(监测)系统数据传输标准》HJ 212的要求。

8.3.2 本条对应《河南省健康建筑评价标准》T/HNKCSJ 002—2022 第4.2.10条。

空气污染物传感装置和智能化技术的完善普及,推动了建筑内空气污染物实时采集监控技术的发展。当监测的空气质量偏离理想阈值时,系统做出警示,建筑管理方对可能影响这些指标的系统做出及时的调试或调整。将监测发布系统与建筑内空气质量调控设备组成自动控制系统,可实现室内环境的智能化调控。目前,重点选择PM_{10}、$PM_{2.5}$、CO_2 三个具有代表性和指示性的室内空气污染物指标进行监测并进行室内空气表观质量指数发布。CO_2除可以直接反映室内污染物浓度情况外,还可作为标志物间接反映建筑新风量及空气置换效果。监测系统传感器应符合相关标准要求。

1 本条文要求对于安装监控系统的建筑,系统应满足但不限于具有对PM_{10}、$PM_{2.5}$、CO_2分别进行定时连续测量、显示、记录、数据传输和越限报警的功能。监测系统对污染物浓度的读数时间间隔不得长于10 min。监测室内PM_{10}、$PM_{2.5}$、CO_2浓度的传感器性能应符合表8.3.2-1的要求。

表8.3.2-1 室内传感器性能参数要求

监测参数	测量要求			
	最小分辨率	测量范围	示值误差	响应时间
PM_{10}	$0.002\ mg/m^3$	$0.001 \sim$ $0.8\ mg/m^3$	±20%	≤60 s
$PM_{2.5}$	$0.002\ mg/m^3$	$0.001 \sim$ $0.5\ mg/m^3$	±20%	≤60 s
CO_2	10×10^{-6}	$(400 \sim 5000)$ $\times 10^{-6}$	$\pm(50 \times 10^{-6}$ 5%读数值$)$	≤60 s

对于公共建筑,在每层中每类典型空间(如办公室、会议室、卧室、大厅或大堂等)应至少安装一个监测点位,点位应避开通风口;对于居住建筑,每户应布置有一个监测点位,监测点位置宜布置于起居室或卧室,避开厨房及空调新风口。监测点周围不应有强电磁感应干扰,应避开通风口。传感器应至少每年进行一次检验或标定,并出具报告。对于智能化监测系统,通信协议宜符合现行行业标准《污染物在线监控(监测)系统数据传输标准》HJ 212的要求。

2 空气质量监测系统与所有室内空气质量调控设备(如空调、新风净化系统、智能窗等)组成自动控制系统,室内空气质量调控设备应根据空气质量监测系统反馈的参数进行调节。

3 室内空气质量分指数为定量描述室内空气质量状况的无量纲指数,其参数及计算方式如下:

(1)室内空气质量分指数及其对应的浓度限值见表8.3.2-2。

表8.3.2-2 室内空气质量分指数及其对应的浓度限值

室内空气质量 分指数(IIAQI)	污染物项目浓度值		
	$PM_{2.5}$(24 h 平均)/($\mu g/m^3$)	PM_{10}(24 h 平均)/($\mu g/m^3$)	CO_2(1 h 平均)/(mg/m^3)
0	0	0	786(约0.04%)
50	35	75	1571(约0.08%)
100	75	150	1964(约0.10%)

(2)室内空气质量分指数计算方法。

污染物指标 P 的室内空气质量分指数按式(8.3.2-1)计算:

$$IIAQI_P = \frac{IIAQI_{H_i} - IIAQI_{L_o}}{BP_{H_i} - BP_{L_o}}(C_P - BP_{L_o}) + IIAQI_{L_o}$$

(8.3.2-1)

式中 $IIAQI_P$——污染物指标 P 的室内空气质量分指数;

C_P——污染物指标 P 的质量浓度值;

BP_{H_i}——表2中与 C_P 相近的污染物浓度限值的高位值;

BP_{L_o}——表2中与 C_P 相近的污染物浓度限值的低位值;

$IIAQI_{H_i}$——表2中与 BP_{H_i} 对应的室内空气质量分指数;

$IIAQI_{L_o}$——表2中与 BP_{L_o} 对应的室内空气质量分指数。

(3)室内空气质量表观指数计算方法按式(8.3.2-2)取值:

$$IAQI = \max(IIAQI_1, IIAQI_2, IIAQI_3) \qquad (8.3.2\text{-}2)$$

式中 IAQI——室内空气质量表观指数。

（4）室内空气质量表观指数按表 8.3.2-3 进行划分。

表 8.3.2-3　室内空气质量表观指数及相关信息

室内空气质量 表观指数	室内空气质量 表观指数级别	室内空气质量 表观指数类别和表示颜色	
0~50	一级	优	绿色
51~100	二级	良	黄色
>100	三级	污染	红色

室内空气质量表观指数监测与显示系统应对各项分指标浓度分别进行连续测量、显示、记录和数据传输,读数时间间隔不得长于 10 min;每小时对数据进行平均计算,核算出室内空气质量表观指数,并进行持续发布更新(每小时一次)。

对于公共建筑,浓度参数及室内空气质量表观指数发布系统应位于公共空间显著位置,宜安装显示屏、电子布告栏等显示装置,每个典型空间(如大堂、办公室、会议室、休息室等)应至少安装一个监测点位;对于居住建筑,可运用屏幕显示、公众号发布、APP 等方式,使住户可查询获得室内空气质量信息,每户应布置有一个监测点位。监测点周围不应有强电磁感应干扰,应避开通风口,监测点不宜设置于厨房、卫生间等具有特殊散发源的空间。

9 电气设计

9.1 室内照明

9.1.1 本条对应《河南省健康建筑评价标准》T/HNKCSJ 002—2022 第6.1.5条。

照明光环境对健康有很大的影响,其影响因素也表现在多个方面,长时间照明不足会引起视觉疲劳、注意力分散、工作效率和正确率下降、抽象思维和逻辑思维能力降低。而过度的光照射不但使人心理上感到不适,甚至会致病。因此,营造高质量的室内照明光环境对于人体健康具有重要意义。

1 光源光效及灯具效率的提高为降低各场所照明功率密度值 LPD 提供了可能。对于健康建筑光环境,首先应满足照明标准《建筑照明设计标准》GB 50034、《建筑电气与智能化通用规范》GB 55024、《民用建筑电气设计标准》GB 51348 的基本要求,包括照度、照度分布、眩光、闪烁与频闪、颜色质量、表面反射比等。其次主要功能房间应根据照明场所类型确定照明功率密度值,且不应高于《建筑节能与可再生能源利用通用规范》GB 55015 规定的照明功率密度限值。

2 夜间光线进入人眼会抑制褪黑素的分泌,从而可能降低人的睡眠质量。研究表明,在相同的照度水平下,色温越高,对于褪黑素的抑制效果越明显。因此,为降低照明对人们夜间休息的影响,本款对室内各类场所的照明色温进行了限制。

3 对于照明颜色质量,一方面,照明光源的显色指数越高,环境视觉质量越好,因此根据室内视觉活动特点,对其显色性进行约束;另一方面,相同光源间存在较大色差也会显著影响光环境的质量,而色容差是衡量色差的重要指标,为保证视觉舒适性,规定室内照明色容差不应大于 5 SDCM。

4 人们长期生活在光环境下,光辐射的暴露不当可能会对人体产生危害,危害类型包括紫外辐射危害、蓝光危害和热危害、红外辐射危害等。照明产品的光生物安全性可分为四类:无危险类(RG0)、1 类危险(RG1)、2 类危险(RG2)和 3 类危险(RG3),数值越大,潜在的光生物危害越大。为尽可能减少光生物危害,健康建筑光环境内一般照明灯具应选择无危险类(RG0)的照明产品。部分用于重点照明或局部照明的灯具,如黑板灯、窄光束筒灯和射灯等,可放宽到 RG1,但应确保人眼不能直接看到。

9.1.2 本条对应《河南省健康建筑评价标准》T/HNKCSJ 002—2022 第 6.1.5 条、第 6.2.9 条。

1 照明产品的性能指标应符合《建筑照明设计标准》GB 50034、《建筑环境通用规范》GB 55016、《建筑电气与智能化通用规范》GB 55024、《民用建筑电气设计标准》GB 51348 的规定及国家强制性规定要求。

2 人眼可直接观察到的光的明暗波动可能导致视觉性能的下降,引起视觉疲劳甚至如癫病、偏头痛等严重的健康问题。国际电工委员会(IEC)标准《普通照明用设备–电磁兼容抗扰度要求第 1 部分:一种光闪烁计和电压波动抗扰度测试方法》IEC TR 61547—1 提出光源和灯具的可见闪烁可采用闪变指数(Pst^{LM})进行评价,其数值等于 1 表示 50% 的试验者刚好感觉到闪烁。频闪效应是一种非直接可见频闪,频率范围在 80 Hz 以上,可能引起身体不适及头痛,对人体健康有潜在的不良影响。国际照明委员会(CIE)于 2016 年提出了技术文件《随时间波动的照明系统的视觉现象——定义及测量模型》CIE TN 006:2016,该文件分别从基础研究和模型及现有标准两个方面对评价频闪的方法和指标进行了梳理,并提出了频闪效应可视度——DSVM 指标,SVM 等于 1.0 是理论上可以感觉到的限值,也是欧盟法规中拟定的下一阶段目标。

考虑到幼儿和中小学生的视力尚未发育成熟,需要更严格地控制频闪,因此本款规定中小学校、托儿所、幼儿园建筑主要功能房间采用的照明光源和灯具的 SVM 值不大于 1.0,有助于保护儿童青少年的视力健康。本款适用于儿童青少年学习和长期停留的场所,如各类教室、阅览室、活动室、宿舍和寝室等。

对于照明产品的频闪效应可视度(SVM),其数值越低,对人体健康越有利,因此本款对于产品质量的提升进行规定。

3 国家标准《灯具 第 1 部分:一般要求与试验》GB 7000.1规定了灯具防电击分为 0 类、Ⅰ 类、Ⅱ 类和Ⅲ类。0 类灯具已停止生产、销售和使用,因为这种灯具仅依靠基本绝缘来防护直接接触的电击,一旦绝缘失效,灯具外露可导电部分带电将导致电击危害。实际应用最多的是 Ⅰ 类灯具, Ⅰ 类灯具除基本绝缘外,外露可导电部分应连接 PE 线以接地。而具有双层绝缘或加强绝缘的Ⅱ类灯具和采用安全特低电压(SELV)供电的Ⅲ类灯具则使用较少,多用于局部照明(如台灯、工作灯、手提灯等)。LED 光源和 LED灯具应符合安全可靠、健康舒适、技术先进、经济合理、节能环保和维修方便的要求。LED 光源和灯具替换传统照明产品的建议参考《LED 室内照明应用技术要求》GB/T 31831 中的附录 B。

9.1.3 本条对应《河南省健康建筑评价标准》T/HNKCSJ 002—2022 第 6.2.7 条。

1 居住建筑

(1)居住建筑卧室墙面的反射比控制在合理范围可有效保证室内舒适的亮度分布环境。

(2)在夜间活动路径上设置感应夜灯,可以有效提升夜间熄灯后活动的安全性和舒适性,同时也能避免开灯影响其他家人的休息。值得注意的是,如果夜灯发光部分出现在床头休息人员的视野范围内,会造成视觉上的显著不舒适,影响休息质量,因此夜灯的发光部分需要避免朝向床头。

2 公共建筑

（1）、（2）将视野内亮度分布控制在眼睛能适应的水平上，良好平衡的适应亮度可以提高视觉敏锐度、对比灵敏度和眼睛的视功能效率。视野内不同亮度分布也影响视觉舒适度，应当避免由于眼睛不断地适应调节引起视觉疲劳的过高或过低的亮度对比。因此，宜合理设计室内各表面的反射比和照度分布。与此同时，当从一个房间进入另一个房间时，视觉背景差异较大也会引起亮度适应的不舒适问题。

（3）作业面邻近周围的照度与作业面的照度有关，若作业面周围照度分布迅速下降，会引起视觉困难和不舒适。为了提供视野内亮度（照度）分布的良好平衡，邻近周围的照度值不得低于表9.1.3-2的数值。此表参照国际照明委员会（CIE）标准《室内工作场所照明》CIE S 008/E 确定。

本条参考现行国家标准《建筑照明设计标准》GB 50034 确定，反射比和照度的测量方法应符合现行国家标准《照明测量方法》GB/T 5700 的规定。设计阶段可在设计文件中提出对于表面材质和反射比的要求。

（4）视觉作业要求高的场所宜设置工位照明，满足局部工作面照度要求。

9.1.4 本条对应《河南省健康建筑评价标准》T/HNKCSJ 002—2022 第6.2.8 条。

光是影响人体生理节律的重要因素，人体生理节律是指体力节律、情绪节律和智力节律，也就是人们常说的"生物钟"。人体生理节律的紊乱，将直接影响人们的生活、工作和学习。国际照明委员会（CIE）标准《内在光敏视网膜神经节细胞受光响应的光辐射计量系统》CIE S 026，定义了非视觉效应的方法和原则，对人眼视网膜上的三类五种感光细胞的光谱响应曲线做出了规定，并且定义了黑视素日光光效比、（日光）生理等效照度等，给出了黑视素光谱响应曲线,规定了在观察者眼睛位置测量视野范围内产生的垂直照度来评估非视觉光效的方法等,为以人为本的健康照明的发展提供了关键的技术基础。其中,黑视素日光光效比表示达到相同(光)照度时,光源光谱对黑视蛋白的刺激与标准日光(D65)之比。(日光)生理等效照度代表了照明光环境对人体褪黑素刺激能力的高低,该值越高,代表照明对褪黑素刺激能力越高。

1 对于居住建筑,为了帮助使用者更好地进入睡眠状态、保证良好的休息环境,夜间应在满足正常活动所需的视觉照度的同时,合理地降低生理等效照度。

2 对于公共建筑,为提高使用者的工作效率,应适当提高主要视线方向的生理等效照度。一方面,通过合理的建筑及室内布置,在日间充分利用天然采光,使室内工作人员在日间获得足够眼位垂直照度;另一方面,在进深较大或无窗的空间,无法保证日间获取到充足的采光时,应补充人工照明提高主要视线方向的生理等效照度,且不应低于 150 lx。为了控制照明功率密度及更精准地调节,可在使用者的工位区域有针对性地设置照明设施,提高眼位的垂直照度,色温应与场所内的一般照明相协调。

9.1.5 本条对应《河南省健康建筑评价标准》T/HNKCSJ 002—2022 第 6.2.5 条。

应对产生噪声的设备采取有效的隔振、消声和隔声措施。例如,设备设立隔振台座、选用有效的隔振器、提高设备机房围护结构的隔声性能等措施。

9.2 室外照明

9.2.1 本条对应《河南省健康建筑评价标准》T/HNKCSJ 002—2022 第 6.1.5 条。

1 夜间光线进入人眼会抑制褪黑素的分泌,从而可能降低人的睡眠质量。研究表明,在相同的照度水平下,色温越高,对于褪黑素的抑制效果越明显。因此,为了降低照明对人们夜间休息的影响,本款对室外场所的照明色温进行了限制。上射光通比不超过25%,适用于调光和非调光的各类照明产品,是目前 CIE 和 IEC 主要推荐的频闪评价指标。

2 夜间昏暗的光照环境,容易产生交通事故、犯罪率增加等恶劣影响,为确保室外公共活动区域的安全,对人行道、非机动车道最小水平照度及最小半柱面照度、照明灯具选型提出要求。

3 对于照明颜色质量,一方面,照明光源的显色指数越高,环境视觉质量越好,因此根据室外视觉活动特点,对其显色性进行约束;另一方面,相同光源间存在较大色差也会显著影响光环境的质量,而色容差是衡量色差的重要指标,为保证视觉舒适性,规定室外照明色容差不大于 7 SDCM。

9.2.2 本条对应《河南省健康建筑评价标准》T/HNKCSJ 002—2022 第 6.1.5 条。

1 本款指出了建筑物入口不宜采用泛光照明方式直接照射。

2 不同颜色光投射在建筑物上会产生不同的效果,建筑物色彩对彩色光也有一定选择性;建筑物不同的使用功能使其具有不同的性质,使用符合其性质的色光,能使建筑物得到更好体现;使用彩色光时还要考虑被彩色光照射的建筑物与相邻建筑、环境的色彩相协调。

3 行政办公楼(区)、居民楼(区)、医院病房楼(区),是人们办公、休息、治病的场所,需要宁静、休闲、舒适、安全的环境。具有指示性、功能性标识的照明在夜间是人们所必需的,而广告照明易对居民楼形成光污染,破坏了宁静、休闲、舒适、安全的环境,因此不适宜设置。

4 居住区和步行区的夜景照明设施应避免对行人和非机动车驾驶人造成眩光。夜景照明灯具的眩光限制值应满足表 9.2.2

的规定。

表 9.2.2　居住区和步行区的夜景照明灯具的眩光限制值

安装高度/m	L 与 $A^{0.5}$ 的乘积
$H \leqslant 4.5$	$LA^{0.5} \leqslant 4000$
$4.5 < H \leqslant 6$	$LA^{0.5} \leqslant 5500$
$H > 6$	$LA^{0.5} \leqslant 7000$

注:1. L 为灯具在与向下垂线成 85°和 90°方向间的最大平均亮度(cd/m²)。

2. A 为灯具在与向下垂线成 90°方向的所有出光面积(m²)。

5　室外照明光污染方面,在进行照明方案选择时应进行照明计算,并根据现行行业标准《城市夜景照明设计规范》JGJ/T 163 的相关规定合理选择照明产品及布置方案,避免对居民产生光污染影响。

6　上射光通过大气散射使夜空发亮,妨碍天文观测。室外照明灯具的上射光通比最大值的限制标准是根据 CIE 出版物《防止夜天空发亮指南》No. 126 和 CIE 出版物《限制室外照明设施产生的干扰光影响指南》No. 150 提出的。除窗面的垂直照度外,影响居住者的另外一个因素来源于可直接看到灯具的刺眼光线。一般而言,灯具的亮度为测量其影响的指标,而 CIE 第 150 号技术报告所提的标准使用的指标则不是亮度,而是判断观察者直接看到的灯具在该方向的光强。

7　根据运行时段自动关闭夜间照明,不仅可以减少能源投入,还能有效减少光污染的可能性。

8　除满足以上条款外,建筑红线范围内的室外照明干扰光限值应符合现行行业标准《城市夜景照明设计规范》JGJ/T 163 的规定。

9.3 监测与控制

9.3.1 本条对应《河南省健康建筑评价标准》T/HNKCSJ 002—2022 第 6.2.10 条。

1 照明系统的分区控制、定时控制、自动感应开关、照度调节等措施对降低照明能耗作用很明显。照明系统分区需满足自然光利用、功能和作息差异的要求。功能差异如办公区、走廊、楼梯间、车库等的分区;作息差异一般指日常工作时间、值班时间等的不同。对于公共区域(包括走廊、楼梯间、大堂、门厅、地下停车场等场所),可采取分区、定时、感应等节能控制措施。如楼梯间采取声、光控或人体感应控制;走廊、地下车库可采用定时或其他的集中控制方式。

2 采光区域的人工照明控制独立于其他区域的照明控制,有利于单独控制采光区的人工照明,实现照明节能。

3 末端照明配电设计首先应按大面积场所照明的实际控制需求分配回路。大面积场所一般分若干工作小组,而一般工作小组工作时间是一致的,按照小组进行照明分组配电,是为了能够根据小组的工作情况方便地控制该小组的照明。其次应考虑节能控制措施,可以以小组为单位相对集中设置就地控制跷板开关,有条件时可以采取定时、人体或光线感应等节能控制措施。按照最小功能区域划分照明配电分支回路主要是为行为节能创造条件。人工照明随天然光照度变化自动调节,可以保证良好的光环境,避免室内产生过高的明暗亮度对比,降低照明能耗。

4 本款是对居住建筑照明控制系统的要求。对于居住建筑,重点对公共区域的照明提出要求。

(1)本项要求进行自动感应开关或调光,不采用传统声控开关。

(2)室外广告和标识牌亮度与环境亮度不匹配时,会产生明显的不舒适感,因此本项提出控制系统根据环境亮度自动进行亮度匹配调节。

(3)熄灯时段关闭装饰性照明,可以有效降低居住环境的整体照度水平,从而保证人们的休息。

5 本款是对公共建筑照明控制系统的要求。

(1)为保证良好的视觉舒适效果,同时降低照明能耗,照明控制系统宜根据天然光照度调节人工照明的照度输出,并且同时应保证总照度符合现行国家标准《建筑采光设计标准》GB 50033 中对各类型房间所对应的采光照度标准值的规定。本项及第 2 项所指自动调节,是指根据预设要求通过系统进行自动调光,不需要人为操作。

(2)研究表明,人在不同的时间、场景下对于色温的需求存在一定的差异,通过调节色温来满足这种差异性可以进一步提升光环境质量。当与天然光混合照明时,人工照明光源色温与天然光接近可以有效防止由于光源颜色差异而产生的颜色视觉的不适应。

(3)遮阳装置与人工照明系统的协同控制不仅可以保证良好的光环境,避免室内产生过高的明暗亮度对比,同时还能在较大程度上降低照明能耗和空调能耗。

(4)对于工作场所,通过在工位上实现照明的个性化控制,可以有效提升工作人员的幸福感。

9.3.2 本条对应《河南省健康建筑评价标准》T/HNKCSJ 002—2022 第 9.1.2 条。

通过对室外空气质量、温度、湿度、风级及气象灾害预警等气象条件的展示,有助于为用户提供出行及建筑使用参考,并通过相关生活提示,提醒用户采取有效手段降低可能遭受的健康风险。

如:天气降温时,提示用户可增加衣物,做好防寒保暖措施,降低受凉生病概率;室外空气质量差时,提示用户可关闭外窗、减少室外活动或佩戴口罩;室外气象条件良好时,提示用户增加户外活动、开窗通风等。

9.3.3 本条对应《河南省健康建筑评价标准》T/HNKCSJ 002—2022 第 7.2.9 条、第 10.2.4 条。

主动健康建筑基础设施,指以人的生命健康为核心目标,围绕构建人与自然生命共同体,在建筑内实现医疗器械级的健康信息自动感知、储存、智能计算、传输、预警等设施装置的系统集成。

1 健康数据边缘集成与控制器是建筑单元内人体健康数据与外界唯一连接点,连接建筑单元中的数据采集终端,具有数据融合、存储、边缘计算、隐私分级与保护功能,提供光或电的适当接口方便建筑单元中各种健康终端接入与交互,并保障单元内网络中个人数据传输的安全性。对于公共建筑,以工作单位为一个基本单元,至少布置一个健康数据边缘集成与控制器。对于居住建筑,一个家庭为一个基本单元,至少布置一个健康数据边缘集成与控制器。

2 健康护照是基于区块链的个人健康相关数据档案,需方(百姓)的个人健康相关数据档案与法定数字身份、数字钱包、个人 SIM 四卡合一。健康护照绑定法定身份与个人健康数据,形成数字空间内匿名的个人数字身份,及时采集并融合建筑内外产生的个人健康相关数据。

3 借助个人健康信息连续监测终端连续监测个人健康状态,有助于监护人员及个人对身体状态的实时掌握,对个人健康问题进行及时提醒,可以对整个室内各个个体之间的相互作用进行评估,同时保证健康数据安全和网络安全。该设施包含血压计、温度计、血糖仪、称重传感器、摄像机、解码器等设备,应符合现行国家标准《医用电气设备》GB 9706 的规定。

4 健康促进装置具有健康促进智能终端,利用大数据技术实现对个人健康数据的分析,进而根据不同人群需求,提供个体化营养、饮食、运动、行为干预等主动健康连续服务,真正意义上实现以人为本、因人而异的健康促进方法,提高个人自主健康管理能力。个体化行为干预包括睡姿建议、久坐提醒、行为激励等。

5 健康风险预警装置基于个人健康状态评估,在保证健康数据安全和网络安全的前提下,对健康问题和疾病风险进行预警提示,通过连接智能交互终端,以语音提醒、文字提醒、视频提醒等方式来提供健康风险预警服务。

6 慢性病干预装置通过慢性病干预智能终端,感知人员饮食习惯、运动强度、睡眠节律及其他医疗健康数据的变化,对患者进行非药物干预,提供慢性病预警、医疗健康一体化治疗方案建议和非药物干预效果反馈等功能,从而实现对个人慢性疾病进行全方位管理、对干预方案进行及时调整和对患者进行连续服务的目的,有益慢性病患者身体健康。对曾在医院就诊的病人,医院运用智能终端进行智能随访,定期了解患者病情变化和指导患者康复。通过慢性病干预装置把病人、家庭医生、医院紧密连接在一起,提供基于专业指导的健康自我管理及预警救治等服务。

7 健康监测是实现科学健身、保障健身安全的重要一环。健身场地内的健康检测监测包括体重测量、人体成分(包括脂肪含量、肌肉含量)等测量,以及心率、血压等健康指标的监测。本款鼓励在室内健身房、老年人活动场地设置健康检测监测设备,最低要求提供体重测量和心率监测设施。

8 紧急呼救装置主要有主动、被动两种触发方式。主动触发通过呼救按钮、语音识别装置来实现,而被动触发主要根据个人体征信息、运动轨迹、体位和实时视频监控信息,针对跌倒、休克、呼吸停止、心脏骤停等突发危险事件进行紧急呼救,支持各种流动诊疗专科服务和流动健康服务。急救信息与个人健康相关,信息回传功能是通过紧急呼救装置自动采集个人体征信息和自我急救语音、文字、位置、图像等动态信息,回传至流动诊疗车辆和急救车辆,从而实现急救、流动诊疗等多服务协同。本款鼓励在室内健身房、老年人活动场地设置紧急呼救系统。

9.3.4 本条对应《河南省健康建筑评价标准》T/HNKCSJ 002—2022 第 10.2.5 条。

通过对室内环境包括 $PM_{2.5}$、PM_{10}、CO_2 等浓度、温度、湿度、照度等参数的监测数据进行健康评估和风险预警,可以帮助运维人员掌握建筑健康状况,及时有效地采取措施,改善室内环境品质。另外,通过借助物联网手段,根据室内环境健康评估情况,实现对设备的自主调控,进一步保障建筑健康运行,为使用者营造健康、舒适的室内环境。

将项目空气质量、水质、室内外噪声级、室内热湿环境等参数的定时监测结果向用户公示,可以让用户及时掌握建筑性能状况,增强用户的体验感,令其切身感受到健康建筑带来的直接效果。另外,也可以对建筑室内外整体环境品质起到监督作用,督促相关管理单位及时有效地采取措施,改善环境品质,更好地服务用户。

从热舒适角度来看,人工冷热源环境可视为稳态环境,但有关研究表明,在稳定条件下使用者只有无差别状态,而不会有热舒适状态。同时,长期处在稳态空调环境中会降低人的热适应能力,导致人体体温调节功能衰退和抗病能力下降,甚至产生"空调不适症""SBS"等症状。如夏季,从温度较低的室内环境走进温度较高的室外环境时,热冲击常常会导致身体不适,引起中暑;冬季时,则会因冷冲击引起鼻炎。有时用户往往在使用初期设置极高或极低的温度,以期更快地调节室内热环境,但通常后期忘了将温度设置回舒适的范围,从而导致室内环境过冷或过热。

也有不少使用者并不清楚舒适的温度范围是多少,从而设置了不合理的温度。不合理的室内温度设定值不仅会导致不舒适的感受,也造成了能源浪费。因此,本条要求改进现有的室内温度设定方法,既能够为用户提供满足其需求的舒适热环境,又能够防止不合理温度设定值带来的供暖及空调用能浪费。本条鼓励空调系统采用基于人体热舒适感觉的热环境控制系统来对室内热环境进行调控。例如,房间使用者通过人机交互界面,向室内环境控制系统传达冷、热感觉,控制系统根据使用者的热感觉对冷、热环境进行控制。

10 室内设计

10.1 装饰装修

10.1.1 本条对应《河南省健康建筑评价标准》T/HNKCSJ 002—2022 第4.1.3条、第4.2.5条。

建筑材料、装饰装修材料、家具及陈设品是室内甲醛、TVOC、可溶性重金属、氨等污染物的主要来源,控制其污染物含量对保障使用者的健康具有重要意义。室内设计中涉及的建筑材料、装饰装修材料品类繁多,包括地砖、涂料、涂剂类产品、板材等。我国已针对不同类别的产品制定了相应的国家标准或行业标准,如现行国家标准《建筑材料放射性核素限量》GB 6566、《室内装饰装修材料 人造板及其制品中甲醛释放限量》GB 18580、《木器涂料中有害物质限量》GB 18581、《建筑用墙面涂料中有害物质限量》GB 18582、《室内装饰装修材料 胶粘剂中有害物质限量》GB 18583、《室内装饰装修材料 壁纸中有害物质限量》GB 18585、《室内装饰装修材料 聚氯乙烯卷材地板中有害物质限量》GB 18586、《室内装饰装修材料 地毯、地毯衬垫及地毯胶粘剂有害物质释放限量》GB 18587、《混凝土外加剂中释放氨的限量》GB 18588、《建筑胶粘剂有害物质限量》GB 30982、《室内装饰装修材料门、窗用未增塑聚氯乙烯(PVC-U)型材有害物质限量》GB/T 33284 等,现行行业标准《建筑防水涂料中有害物质限量》JC 1066、《低挥发性有机化合物(VOC)水性内墙涂覆材料》JG/T 481、《环境标志产品技术要求 人造板及其制品》HJ 571 等。健康建筑室内设计过程中,应选用符合国家或行业相关标准的建筑材料及装饰装修材料。

第4款,地毯类,可拆卸且满足现行国家标准《室内装饰装修材料 地毯、地毯衬垫及地毯胶粘剂有害物质释放限量》GB 18587

中 A 级要求;地板类,甲醛释放量须低于现行行业标准《环境标志产品技术要求 人造板及其制品》HJ 571 标准规定限值的 60%;聚氯乙烯卷材类、挥发性有机化合物含量须低于现行国家标准《室内装饰装修材料 聚氯乙烯卷材地板中有害物质限量》GB 18586 标准规定限值的 70%。

第 7 款,大量使用多孔性木质材料对空气质量造成严重影响,须予以控制,测试方法可参考现行国家标准《木家具中挥发性有机化合物释放速率检测 逐时浓度法》GB/T 38723。

10.1.2 本条对应《河南省健康建筑评价标准》T/HNKCSJ 002—2022 第 4.1.1 条、第 4.2.1 条、第 10.2.1 条。

由于建材进厂存在污染物叠加的现象,因此从建筑设计阶段开展室内空气污染物浓度预评估十分必要,可以有效预测工程建成后室内空气污染因素和程度,在施工前即对其(特别是选材和用量)进行把控和优化。在预评估时,需综合考虑室内装修设计方案和装修材料的种类、使用量、辅助材料、室内新风量等诸多影响因素,以各种装修材料主要污染物的释放特性为基础,以“总量控制”为原则,重点对典型功能房间(卧室、客厅、办公室等)在现行国家标准《室内空气质量标准》GB/T 18883 测试工况下的室内空气中的 VOCs 等污染物浓度水平进行预评估。

计算时所使用的各类建筑材料及装饰装修材料,宜采用对所选用室内装饰装修所用的主要建材、家具的甲醛、苯系物、TVOC 等污染物释放特性参数(初始可释放浓度、扩散系数、分配系数)进行检测的测试数据。也可参照参考国家标准《室内装饰装修材料 人造板及其制品中甲醛释放限量》GB 18580、《木家具中挥发性有机化合物释放速率检测 逐时浓度法》GB/T 38723 等,对装修中主要建材(至少 3~5 种)及家具制品(木家具、沙发、床垫等)的甲醛、苯、甲苯、二甲苯、TVOC 释放特性参数分别进行检测。

计算过程应根据建材选用实际情况,依据行业标准《住宅建筑室内装修污染控制技术标准》JGJ/T 436、《公共建筑室内空气质量控制设计标准》JGJ/T 461 的相关规定进行计算。计算结果应符合现行国家标准《室内空气质量标准》GB/T 18883 的相关规定。若计算结果不符合 GB/T 18883 的要求,则应优化其中对应散发源的建材选型后重新进行模拟,直至预评估结果符合要求。

10.1.3 本条对应《河南省健康建筑评价标准》T/HNKCSJ 002—2022 第8.2.7条。

建筑是凝固的艺术品,是一种实用性与审美性相结合的产物,建筑色彩可以起到有效的调节情绪、舒缓压力、引发联想、促进身心健康的作用。健康建筑应按照美的规律,运用建筑的艺术语言,使建筑形象具有文化价值和审美价值,具有象征美和形式美,体现出建筑本身独有的民族性和时代性。

室内色彩的搭配与设计一方面遵守统一性和协调性原则,对整体色彩进行设计构架,综合性分析色彩的特征表象及其设计效果,将天花板、墙面、地面之间的垂直色调进行综合性考虑与构思,色彩搭配与空间主色调相协调。

另一方面,针对不同的用户群体的需求与喜好,还应遵照差异性的设计规律与规划理念,尽最大程度展现出室内空间设计的美感和独特的风格。要把握同中有变、整体中有局部差异的设计理念。如:室内色彩的搭配设计还应根据空间的使用功能,选择合适的氛围主色,绿色代表希望,能够安抚情绪、松弛紧张的神经;粉色色彩柔和,能够给人以安抚宽慰的感觉;蓝色让人感觉宁静,可以舒缓急躁的情绪;黄色让人感觉温暖、平和,可以消除恐惧和抵抗的情绪等。对儿童空间的装饰设计需以浅蓝或者浅粉色系为主色进行设计,青年人则更加喜欢鲜艳色系,而年长的通常就更喜欢温和色系;对于不太宽敞的个人家庭居室住户,可以直接采用一些比较暖色调的居室装修,采用采光浅色颜料等采光技术等措施,实现在心里提升室内宽敞度。

10.1.4 本条对应《河南省健康建筑评价标准》T/HNKCSJ 002—2022 第 8.2.10 条、第 9.2.6 条、第 7.2.8 条。

科学合理的标识系统设计对提升建筑使用者的活动便利性、安全性具有重要作用。我国现行国家标准《公共建筑标识系统技术规范》GB/T 51223 中详细规定了不同公共场所标识系统的设计要点。健康建筑考虑到老、幼等弱势群体的健康需求,要求居住建筑中的公共空间及老年人活动场所也应参照执行。

据统计,跌倒已成为我国 65 岁以上老年人群因伤致死的首要原因;因受伤到医疗机构就诊的老年人中,一半以上是因为跌倒。导致老年人跌倒的其中一个重要因素就是地面存在高差,健康建筑室内设计时应充分考虑公共区域环境中潜在的风险因素,做好相应的警示标识。

10.1.5 本条对应《河南省健康建筑评价标准》T/HNKCSJ 002—2022 第 4.1.6 条。

建筑室内的氡主要由土壤和石材类装饰材料在衰变中产生,是自然界唯一的天然放射性气体,半衰期仅 3.82 d。氡在作用于人体的同时会很快衰变人体能吸收的核素,进入人的呼吸系统造成辐射损伤,诱发肺癌。世界卫生组织已将氡列为使人致癌的 19 种物质之一。研究表明,世界上 20% 的肺癌与氡及其子体有关,是除吸烟引起肺癌的第二大因素。国家标准《民用建筑工程室内环境污染控制标准》GB 50325 对建筑类型进行了划分,并规定 I 类民用建筑(居住建筑、医院、老年建筑、幼儿园、学校教室等)年均氡浓度 $\leqslant 200 \ Bq/m^3$。《建筑环境通用规范》GB 55016 将室内氡限量值确定为 $150 \ Bq/m^3$。

10.2 家具及陈设品

10.2.1 本条对应《河南省健康建筑评价标准》T/HNKCSJ 002—2022 第 4.1.4 条、第 4.2.6 条、第 10.2.3 条。

床垫、沙发等软体家具的健康环保性能以往经常被忽视，但其质量会直接影响室内空气品质和人员主观满意度。床垫等软体家具甲醛释放率测试方法可参考现行国家标准《木家具中挥发性有机化合物释放速率检测 逐时浓度法》GB/T 38723。

针对当前我国建筑产品质量良莠不齐，制造商、供应商、使用者之间存在健康相关信息不对称，选用过程中健康性能无据可依的情况。为促进人居环境健康性能的提升与改善，鼓励建筑产品创新和应用，本条鼓励选用健康建筑产品。健康建筑产品为促进健康建筑、健康社区、健康小镇使用者身心健康，实现健康性能提升建筑产品，包括墙面涂覆材料、室内装饰板材、密封胶黏剂、家具、地板、净水设备、新风净化系统、照明系统等。

10.2.2 本条对应《河南省健康建筑评价标准》T/HNKCSJ 002—2022 第 8.2.4 条。

引入自然景观要素不仅能丰富空间层次，具有优美的观赏价值，更有显著的心理和精神作用，帮助人们放松心情、消解疲劳、舒缓压力、提高生活质量。绿化还能起到净化空气、降低噪声等作用。

植物组群类型的多样性和协调性是建筑环境优美自然的重要因素。植物景观层次分明，给人们提供丰富的视觉感受，提供创造优美的绿化环境；一些观赏植物除绿化和观赏功能外，还具有吸收有害气体、净化空气的作用。有的植物具有特殊的香气或气味，对人无害，而蚊子、蟑螂、苍蝇等害虫闻到就会避而远之。这些特殊的香气或气味，有的还可以抑制或杀灭细菌和病毒。

建筑室内是人进行活动的主要场所，一个自然、舒适、令人愉悦的室内环境对保障人的心理健康具有重要意义。室内房间可以点缀绿化植物，增加绿化量，用自然元素舒缓室内环境，净化空气。室内绿植可以是盆花、小乔木、种植墙等。人员长期停留的房间，如办公室、起居室、卧室、客房、商店等。

10.2.3 本条对应《河南省健康建筑评价标准》T/HNKCSJ 002—2022 第 8.2.5 条。

入口大堂、电梯前室、走廊等公共空间是建筑中人员集中、停留、集散的重要区域,是进入建筑物和穿行于建筑中的主要空间,应设置具备艺术功能、放松功能和减压功能的服务设施。大堂里设置艺术品、植物或水景布景等景观小品,可以通过视觉体验增加空间的趣味性,让人驻足欣赏,带来美好的情绪。通过吸顶隐藏式等方式设计音乐播放装置,播放舒缓、悠扬、恬静、婉约等节奏的音乐,让听觉带给人们回归自然的悦耳感受。

10.2.4 本条对应《河南省健康建筑评价标准》T/HNKCSJ 002—2022 第 7.2.8 条。

在楼梯间设置音乐、艺术品、亲自然元素、艺术图案、儿童绘画展、互动游戏设计等因素,同时配合以鼓励使用楼梯的标识或激励办法,可促进人们主动使用楼梯锻炼身体。

10.3 室内安全

10.3.1 本条对应《河南省健康建筑评价标准》T/HNKCSJ 002—2022 第 8.1.4 条。

地面防滑系数是地面防滑防跌倒性能的重要指标。室外光滑的地面在雨雪天气及室内潮湿情况下,极易引起行人及使用者滑倒而导致伤害事故。按现行行业标准《建筑地面工程防滑技术规程》JGJ/T 331 的规定,Aw、Bw、Cw、Dw 分别表示潮湿地面防滑安全程度为高级、中高级、中级、低级,Ad、Bd、Cd、Dd 分别表示干态地面防滑安全程度为高级、中高级、中级、低级。

10.3.2 本条对应《河南省健康建筑评价标准》T/HNKCSJ 002—2022 第 8.1.4 条、第 8.2.10 条、第 8.2.11 条。

老年人及儿童经常活动和使用区域的墙面应无尖锐突出物,建筑内的墙、柱、家具等处的阳角采用圆角,防止意外磕碰。沿走廊设有安全抓杆或扶手,有利于提高老年人的活动范围和保证基本安全。

考虑到儿童的活动范围,儿童经常接触的1.30 m以下的室外墙面不应粗糙,室内墙面宜采用光滑易清洁的材料,既可以避免儿童被磕碰,确保其安全,又有利于室内装修的保持与维护。儿童使用房间的墙、窗台、窗口竖边等棱角部位须采用圆角,防止儿童意外磕碰。

考虑到儿童的身体尺度,儿童经常活动区域的门窗、楼梯等部位应采取必要的安全保护措施,如防护栏和儿童低位扶手。当梯井净宽大于0.20 m时,须采取防止少年儿童攀滑的措施,楼梯栏杆应采取不易攀登的构造,当采用垂直杆件做栏杆时,其杆件净距也不应大于0.11 m。儿童活动房间的门应设置儿童专用拉手。从多方位充分考虑到儿童使用的安全与方便。

10.4 人体工学

10.4.1 本条对应《河南省健康建筑评价标准》T/HNKCSJ 002—2022第8.2.9条、第9.2.6条。

洗手是减少病原体传播最重要、最有效的方法之一。供应热水可提升用户洗手体验感,促进洗手行为。在除菌方面,使用抗菌肥皂可有效减少有害及具有潜在危险的病菌传播,洗手后使用纸巾擦干双手比使用普通空气干燥机更为有效。此外,许多用户由于常识不足或个人习惯,存在不使用洗手液、洗手时长不足等现象。健康建筑鼓励张贴提示标语或公益海报等,提醒用户正确洗手。

在公共建筑内设置方便母婴的空间或设施,充分体现了建筑设计的人性化,以及社会对母婴人群的尊重和理解,让她们有更贴心的体验。为方便女性及确保幼儿的安全,可在女性卫生间中设置婴儿护理台、座椅等,为哺育幼儿的女性提供方便;对于条件许可、女性使用者较多的公共建筑，可考虑设置母婴室。母婴室需设有婴儿护理台、水池、座椅等设施，为母亲提供给婴儿换尿布、喂奶或临时休息的空间，并应配备冰箱、微波炉、饮水机等设备，方便哺乳幼儿的女性使用。母婴室应安全舒适、洁净卫生，室内空气清新流通，温湿度适宜，光线柔和。室内的墙面、墙角等细部构造要充分考虑儿童的安全。母婴室应设有鲜明的指示牌标注。

10.4.2 本条对应《河南省健康建筑评价标准》T/HNKCSJ 002—2022 第 6.2.15 条。

根据人体工学的基本要求，对卫生间局部尺寸进行细化设计，如洗脸盆的高度、淋浴把手的高度等，使其距离、高度符合人体使用需要，可以减少使用过程的不便。一般民用建筑中，卫生间设施较为固定，如果在平面设计阶段未做合理的布局考虑，造成淋浴房过于局促、坐器前活动空间过小等问题，则会导致未来运行阶段缺乏舒适感的使用体验。同时，本条要求公共场馆及商业综合体建筑应设置满足幼儿、残障人士的特殊使用需求的卫生设施。

本条要求在设计阶段即对卫生间的空间布局及卫浴设备选型进行细致的考虑，以保障使用阶段的舒适性。幼儿卫生间可单独设置，也可与无障碍卫生间合并为第三卫生间，或与母婴室合并设置，具体做法可参考国家建筑标准设计图集《公用建筑卫生间》16J914—1；无障碍卫生间应满足现行国家标准《无障碍设计规范》GB 50763；医院患者专用厕所隔间、淋浴间，若项目中有涉及，须满足现行国家标准《民用建筑设计统一标准》GB 50352、国家建筑标准设计图集《医疗建筑卫生间、淋浴间、洗池》07J902—3 等相关标准、图集的要求。

10.4.3 本条对应《河南省健康建筑评价标准》T/HNKCSJ 002—2022 第 6.2.16 条。

在现代家庭生活中，厨房正成为一个日益重要的生活中心，是家庭成员之间情感沟通、交流和相互陪伴的场所。有关统计表明，家庭主妇(夫)每天在水池、灶台与操作台间切换操作几十余次,涉及弯腰、下蹲、低头、抬头、抬手等多种肌肉活动,符合人体工学要求的厨房设计,可以缓解这一过程带来的肌肉损伤,达到存取方便、操作省力的目的。

公共建筑中设置茶水间,不是简单地满足饮水功能,更是为使用者提供了一个休闲、交流、放松的空间,因此本条鼓励在各类公共建筑的办公区及医院病房区等空间设置茶水间,茶水间提供冷藏设备、食物加热设备、餐盘、碗筷等器皿、饮品。同时,对其操作台、活动空间等提出符合人体使用需求的尺寸要求。

厨房和茶水间设计可参考国家建筑标准设计图集《住宅厨房》14J913—2。随着人民生活水平的不断提高,男性、女性身高呈增长趋势,吊柜设置不当常带来碰头的风险,故本条将吊柜下缘距地高度由 1600 mm 提高为 1650 mm。

10.4.4 本条对应《河南省健康建筑评价标准》T/HNKCSJ 002—2022 第 6.2.17 条。

当前全装修住宅已渐成趋势。然而人在使用家具设施时,由于用户身高、体形、健康状况、年龄阶段、行为习惯等方面的不同,会导致体感舒适的差异,统一的设计标准难以实现个性化的适应。因此,本条鼓励项目采用高度可调节的智能化、新型厨房通用设计产品。让设施适应人的喜好,实现对于行动不便人员生理、心理方面的双重呵护。

针对久坐导致的患肥胖症、代谢综合征、心脑血管疾病、腰椎疾病等问题,健康建筑宜通过设置合理的桌椅选择支持使用者站立办公,来避免或减轻久坐带来的危害。由于人体身高、体型的差异化,统一的设计尺寸难以满足不同个体的需求。桌面高度、座椅高度、座椅角度的可调节性,可使不同身高人群依据不同需求自由调节,减少脊椎不必要的弯曲,进而避免引起腰肌劳损、颈椎病等疾病。工位设备屏幕的高度及与用户之间的距离可调节,减少颈部前伸或长期低头带来的危害。

公共建筑中配置午休床,可让使用者在午休时间进行充分、舒适的休息。也可设置休息专用空间,或灵活错时运用建筑内的多功能空间,在午休时段调整为午休功能。午休空间中配置简易床、小睡舱等设施,并提供眼罩、耳塞、隔断等实现听觉、视觉上的相对隔离,以保证相对适宜的休息环境。

11 景观设计

11.1 景观设施

11.1.1 本条对应《河南省健康建筑评价标准》T/HNKCSJ 002—2022 第 8.1.2 条。

景观设计应尊重场地的规划设计,与场地内的建筑风格,道路布置相协调,并满足规划的相关要求(如各类场地面积、日照要求、无障碍等),应特别注意老年人活动场地、儿童活动场地应符合国家标准《城市居住区规划设计标准》GB 50180 相关日照规定。

景观环境要素按照功能和形式可分为景观场地、景观植物、景观小品、景观水景、景观材料、景观照明等,在设计这些景观环境时,需充分考虑其关联的各种环境质量,包括风环境、声环境、光环境、热环境、视觉环境和嗅觉环境等。

11.1.2 本条对应《河南省健康建筑评价标准》T/HNKCSJ 002—2022 第 7.2.3 条。

儿童活动场地为便于家长观察和照看,应设计为开敞式,保障开阔的视野。根据儿童的年龄、心理、行为等特征,全龄儿童活动场地一般分为三大区域,即三个年龄阶段活动场地:幼儿期儿童活动场地(1~3 岁)、学龄前期儿童活动场地(3~6 岁)、学龄期儿童活动场地(6~12 岁)。

其中,幼儿期儿童因为安全意识较弱,需要成年人的随时看护,可在幼儿期儿童活动场地的边上设置供成人看护的休息空间。为促进幼儿感官智力发展,可设置色彩艳丽的学步道、摇摇车、沙坑等。沙坑位置宜设置在远离风口、日照充足的区域。

学龄前期儿童是智力开发最为迅速、对外界事物特别敏感的阶段,活动量较大,喜欢探索型、冒险型活动设施,如攀登设施、蹦床、迷宫等。与此同时,这一时期的儿童会对自然界的动植物、各种声音等感到兴奋不已。在条件许可的情况下,可设置敲打、传声筒等互动游乐设施和植物认知小花园。

学龄期儿童活动场地中宜设置一组大型综合攀爬设施,便于提高儿童肢体协调方面的成长需求。该区域的游乐项目可加入一些文化性的内容,可结合绿化在地块中增加一些具有主题特色的生态场地,如百草园、果蔬种植园,或是设置一些百科知识科普内容,可激发儿童对科学知识的兴趣。

所有游戏设施应无"S"形钩、尖锐边缘或突出螺栓等危险硬件,棱角部位均为圆角,设施下采用保护性地面并设有安全性标识。

11.1.3 本条对应《河南省健康建筑评价标准》T/HNKCSJ 002—2022 第 7.2.4 条。

老年人活动场地应根据活动内容进行动静分区,一般将散步、跳舞、球类等运动项目场地作为"动区",设置健身运动器材,在读书看报、下棋打牌的"静区"设置花架、座椅(以有靠背为宜)、阅报栏等设施,二者适当隔离,动静分区,避免不同爱好的老年人之间相互干扰。

群体空间是为了满足老年人的群体聚集需求提供的。成组空间是以小范围交流、阅读为设计目标,为老年人三五成群的小范围聚集提供有效的场所空间,满足其心理需求。个人活动空间属于较私密的场所,保证老年人独自静坐享受阳光等私密性需求。老年人活动场地和儿童游乐场地宜相邻设置,既相互独立使用,又可以方便老人兼顾照顾孩子。

活动场地宜设置以轻量运动为主的健身器材、阅报栏等设施,并在周边设置座椅和轮椅停放区域,场地构筑物边角应做成圆角或切角。场地应尽量避免高差,如有高差,应以斜坡过渡,场地坡度不大于 2.5%。

11.1.4 在炎热气候下,水体能够缓和区域内空气温度的波动,提升室外热舒适,对于调节社区微气候起着十分重要的作用。水景设计宜采用动水和静水相结合的方式,给居住区带来活跃的气氛和勃勃的生机。当设置亲水性水体时,应采取措施保障近水、涉水及嬉水安全,如在近岸 2 m 范围内水深不大于 0.5 m、可涉入式水景的水深小于 0.3 m 等。

11.1.5 本条对应《河南省健康建筑评价标准》T/HNKCSJ 002—2022 第6.2.5条、第8.2.5条。

景观设计宜体现一定的疗愈作用,通过色彩、有节律的声音、互动设施、植物选型等设计,增加空间的趣味性,突出景观对人体身心的积极影响,帮助人们减少日常生活和工作带来的压力。

声景设计是运用声音的要素,对空间的声音环境进行全面的设计和规划,通过掩盖城市噪声、创造和谐自然声、引入人工声等措施,营造让人产生放松、愉悦的情绪的声环境,让听觉带给人们回归自然的悦耳感受。

11.1.6 本条对应《河南省健康建筑评价标准》T/HNKCSJ 002—2022 第9.1.3条。

健康建筑要求室内禁烟,如设置吸烟区,应设置在室外。室外吸烟区的位置应避免室内用户及出入口、可开启窗、新风引入口等系统直接暴露在吸烟环境中。

11.2 景观园路

11.2.1 本条对应《河南省健康建筑评价标准》T/HNKCSJ 002—2022 第7.1.3条、第7.2.5条、第8.1.3条。

场地内室外道路铺装材料要考虑防滑减噪,不宜采用光面材料,可选用相对平整的沥青、石材或砖。沥青面层宜选用改性沥青;砖面层宜选用生态透水砖;石材及仿石材饰面防滑处理有拉丝、拉槽、烧毛、剁斧等方法。

合理设定灯具位置、选用截光型灯具,光源应具有寿命长、光效高、穿透性强和节能的特点。

11.2.2 本条对应《河南省健康建筑评价标准》T/HNKCSJ 002—2022 第 8.1.4 条。

地面防滑系数是地面防滑防跌倒性能的重要指标。室外光滑的地面在雨雪天气下极易引起行人及使用者滑倒而导致伤害事故。

11.3 绿化种植

11.3.1 本条对应《河南省健康建筑评价标准》T/HNKCSJ 002—2022 第 8.1.1 条、第 8.2.4 条第 1 款。

植物组群类型的多样性和协调性是建筑环境优美自然的重要因素。室外植物应考虑不同季节的色彩,景观层次分明,给人们提供丰富的视觉感受,提供创造优美的绿化环境。

绿化设计应避免安全隐患,主次干道的道路交叉口路边可配置花坛等低矮景观种植,不应种植高大乔木遮挡司机的视野。同时,应注意植物种植引起的安全问题,与建筑保持一定的距离。当大型根系植物与建筑基础、地下管线等设施较近时,植物生长会对地面和管线产生影响,尤其是由于植物根系扩展引起的地面隆起、开裂和铺装材料松动。此外,行道树应不宜采用树冠较低且树枝较长的植株,避免突出的树冠部位刚擦到行人或非机动车道的自行车。

此外,绿化应与建筑保持合适的间距,避免影响建筑采光、通风、日照等。常绿大中乔木中心与建筑物的南窗距离不宜小于10.0 m,其他乔木中心与建筑的南窗距离不宜小于 5.5 m;大中乔木中心与建筑其他朝向窗户、阳台、无窗墙面的距离不宜小于3.0 m;距窗户 3.0 m 内宜种植低于窗台高度的灌木。

11.3.2 本条对应《河南省健康建筑评价标准》T/HNKCSJ 002—

2022 第 8.1.1 条、第 8.2.4 条第 2、3 款。

绿化植物可以有效阻挡粉尘、净化空气、装饰环境、增加含氧量，还可以美化环境、陶冶性情。但有些植物有一定的毒害性，如散发的气体易引发气管炎，接触后会导致过敏红肿等。因此，在室外活动场地的近人区域，不应种植夹竹桃等具有毒性的植物。如果种植茎叶坚硬或带刺的具有伤害性的植物，应设立标语警示、围栏或采取避免儿童接触的措施，以避免接触受伤。

一些观赏植物除绿化和观赏功能外，还具有吸收有害气体、净化空气的作用。具有净化空气作用的植物主要有：吊兰、肾藏、贯众、月季、玫瑰、紫薇、丁香、玉兰、桂花、金绿萝、芦荟、仙人掌、虎皮兰等；具有特殊的香气或气味，可以抑制或杀灭细菌和病毒的植物主要有：晚香玉、除虫菊、野菊花、紫茉莉、兰花、丁香、苍术、薄荷等；此外，还有一部分观赏植物具有吸收电磁辐射的作用，如仙人掌、宝石花、景天等多肉植物。如有水体设计，可适当增加水生植物，如旱伞草、再力花、芦竹、鸢尾等。

针对屋顶花园光照强、温差大、土层薄、湿度小、易干旱等特点，必须选择喜光、耐旱、耐贫瘠、根系浅且水平根发达、生长缓慢、能抗风耐旱且外形较低矮的植物，如红枫、桂花、石榴、蜡梅、山茶、棕榈、枸骨、金叶女贞、绣线菊、火棘、龙爪槐、紫薇、美女樱、酢浆草、紫藤、凌霄、络石、常春藤、葡萄、八宝景天、佛甲草等。

11.3.3 本条对应《河南省健康建筑评价标准》T/HNKCSJ 002—2022 第 6.2.5 条第 1 款。

植物隔声屏障的降噪效果取决于树木的高度、栽植密度和种植面积的宽度，以及树丛的枝叶层是否延伸到地面等因素。因此，可在噪声源附近种植高大乔木及灌木形成一定的屏障，起到隔声降噪的作用。

11.3.4 本条对应《河南省健康建筑评价标准》T/HNKCSJ 002—2022 第 7.2.3 条第 3 款、第 8.2.1 条第 2 款。

活动场地、主要步道宜设有一定的遮风、避雨、遮阳设施,如乔木、亭子、廊架、雨棚等,以提高活动场地的舒适度和利用率。

11.4 室外标识

11.4.1 本条对应《河南省健康建筑评价标准》T/HNKCSJ 002—2022 第 8.2.10 条第 3 款。

导向标识一般由引导类标识、识别类标识、定位类标识、说明类标识构成。引导类标识指示通往目的地方向,内容包括地点名称、箭头方向、距离等信息。识别类标识指示设施及环境场所的名称,使其有别于其他设施和环境场所,如各栋建筑栋号、单元、配套设施等名称标识。定位类标识标出设施所在位置及使用者所处环境与整个区域间的相互关系,常设于出入口、岔路口处,主要包括总平面图、道路交通、公共设施分布图等。说明类标识用于表达设置的意图,解说场地内各类设施的内容、场所环境的说明,如健身器材使用说明、儿童器材使用说明等。公共建筑的标识系统应当执行现行国家标准《公共建筑标识系统技术规范》GB/T 51223,住宅建筑可以参照执行。

在标识系统设计和设置时,应考虑建筑使用者的识别习惯,通过色彩、形式、字体、符号等整体进行设计,并考虑老年人、残障人士、儿童等不同人群对于标识的识别和感知的方式。例如,老年人由于视觉能力下降,需要采用较大的文字、较易识别的色彩系统等;儿童由于身高较低、识字量不够等,需要采用高度适合、色彩与图形化结合等方式的识别系统等。因此,需根据不同使用人群特点设置适宜的标识引导系统,体现出对不同人群的关爱。

11.4.2 本条对应《河南省健康建筑评价标准》T/HNKCSJ 002—2022 第 9.2.13 条。

1 宣传健康生活理念能够帮助用户维持良好的心理状态,营造一个和谐健康的氛围和生活环境。宣传方式可采用板报、多媒体等,宣传内容可涵盖健康生活方式、积极健康心态、健康生活常识、健康饮食等。同时,宜结合景观活动场地,开展健康建筑、健康生活、健康行为、健康活动等方面的宣传活动,向建筑使用者推广健康生活理念。

2 健康建筑倡导人与自然的交互,将植物科普知识"寓教于景",便于学习和了解植物品性,同时激发人们对大自然的兴趣和求知欲。

3 健身器材应有相关的产品质量与安全认证标志,并配有使用指导说明。

11.4.3 本条对应《河南省健康建筑评价标准》T/HNKCSJ 002—2022 第 9.1.3 条。

健康建筑要求室内禁烟,当必须设置吸烟区时,应设置在室外,并通过标识设计有效引导有吸烟习惯的人群。